◉ 博客思出版社

醫療保健
10

家醫

——守護你健康的好鄰居

陳杰◎著

專業生活化的健康知識，
家醫用心與大家分享常見的疾病與預防方式

導讀 10

推薦序 / 王冠文 12
　　　 / 沈康寧 13

寫在疑難雜症之前 15

第一章 別輕忽常見的小毛病 27

　一、靈魂之窗不再明亮？視茫茫的困擾 28

　　（一）結膜炎：眼睛紅腫、流淚、畏光 28
　　（二）角膜炎：眼睛灼熱、刺痛 31
　　（三）飛蚊症：注視景物出現有如蚊子般飄動的
　　　　　黑影 35
　　（四）乾眼症：眼睛乾澀、異物感、畏光、短暫
　　　　　視力模糊 39
　　（五）青光眼：眼睛疼痛、視野越來越小，甚至
　　　　　失明 42
　　（六）黃斑部病變：所見畫面扭曲、中心冒出黑
　　　　　點 48
　　（七）視網膜剝離、病變：閃光幻現、浮動黑點
　　　　　51

（八）玻璃體病變、白內障：眼前一片黑 54

（九）葡萄膜炎 58

（十）麥粒腫：針眼 60

（十一）結膜下出血 63

二、聞香不香——鼻子怎麼了 65

（一）鼻中膈彎曲、肥厚性鼻甲：鼻塞、耳鳴、頭痛、流鼻血 65

（二）慢性鼻竇炎：鼻塞、膿鼻涕、頭痛、頭暈、記憶力衰退 67

（三）過敏性鼻炎 70

（四）睡眠呼吸中止症 71

三、咳一聲嚇死人—喉嚨問題別輕忽 74

（一）胃食道逆流、聲帶受損：喉嚨痛、異物感、聲音沙啞 74

（二）慢性反覆性扁桃腺發炎：喉嚨痛、類似流感症狀、頸部可見性的腫大 76

（三）急性會厭炎：喉嚨痛、發燒、頸部淋巴腫大、呼吸困難 79

（四）聲帶結節、長繭：吞嚥困難、說話聲音嘶啞、咽喉異物感 81

（五）甲狀腺亢進：發燒、怕冷、倦怠 83

四、耳聽八方——悄悄話聽不到？ 86

（一）聽力受損，重聽：時好時壞的聽力減退，耳鳴 86

（二）梅尼爾氏症、耳石脫落：暈眩、單側耳鳴　88

（三）耳膜破洞：耳朵刺痛、發脹、聽力受損　95

（四）中耳炎：耳痛、發燒、嘔吐、流出液體　96

（五）內耳平衡障礙：耳朵流膿、喪失平衡感　98

（六）耳石脫落：耳鳴、暈眩　103

（七）珍珠瘤：膽脂瘤　105

（八）前庭耳蝸神經炎　108

（九）外耳炎、耵聹腺炎：耳朵發癢、疼痛、腫脹、流膿　111

（十）顏面神經失調、麻痺　113

五、口齒伶俐——張口學問大　120

（一）牙周病、牙齦炎：一般常見口臭、牙齦發炎　120

（二）唾液腺結石：口臭、口頰疼痛　124

（三）蛀牙（齲齒）：口臭　125

（四）口乾症、吞嚥困難（排除乾燥症）　131

（五）顳顎關節障礙　134

（六）舌燥、心理原因的劇渴症：喝再多水還是口乾（這是乾燥症嗎？）　135

（七）惡性貧血、大球性貧血：維生素B12缺乏導致舌頭感覺異常　137

（八）老年咀嚼困難、口牙問題　139

（九）口角炎、鵝口瘡、齒齦炎：嘴破、口腔潰瘍　141

六、最大的器官──皮膚問題很惱人與其它 145

（一）毛囊角化症、脂漏性皮膚炎：是過敏還是痘痘（毛囊炎）？ 145

（二）紅疹、脫屑、影響社交的「乾癬」：小心併發關節炎和心血管疾病 146

（三）痤瘡 148

（四）白斑：色素脫失 149

（五）甲溝炎 151

（六）黑色棘皮症：再怎麼洗，也洗不乾淨的皮膚 155

（七）接觸（異位）性皮膚炎、汗皰疹 156

（八）缺脂性皮膚炎：冬季癢 161

（九）禿頭（大量落髮） 162

（十）灰指甲、香港腳 165

（十一）紅疹又發癢，異位性皮膚炎、脂漏性皮膚炎傻傻分不清楚？「酒糟鼻、酒糟性皮膚炎」 166

第二章 現代人的文明病

　　──生活習慣造成的疾病 171

（一）肌少症（sarcopenia） 172

（二）代謝症候群及肥胖症 174

（三）過重與減重 175

（四）非酒精性脂肪肝 176

（五）衰弱症（frailty） 178

第三章 腸胃 181

（一）胃食道逆流（咽喉逆流） 182

（二）大腸激躁症 184

（三）便秘 186

（四）消化性潰瘍、血便 188

（五）噁心、嘔吐 189

（六）傳染性腸炎（contagious enterocolitis）：腹痛、腹瀉 194

（七）胰臟炎 195

（八）膽囊炎、膽囊結石 198

（九）肝功能異常 201

（十）盲腸（闌尾）炎 204

第四章 淺說與運動傷害習習相關的肌肉與筋膜
　　　——運動傷害造成原因及治療建議 207

（一）五十肩（冰凍肩） 209

（二）肱骨上踝炎 211

（三）西方醫學最近的一些肌（肉）筋膜概念 215

（四）椎間盤突出、坐骨神經痛：腰背酸痛、脊椎滑脫症、骨刺 220

（五）腕隧道症候群、媽媽手 223

（六）骨質疏鬆症（osteoporosis） 225

（七）退化性關節炎 232

（八）纖維肌痛症（fibromyalgia） 234

（九）足底筋膜炎：扁平足常見的運動傷害 235

第五章 要活就要動──保持規律日常身體活動
（Physical Activity、PA） 241

　（一）何謂運動處方 (exercise prescription)──運動前
　　　 評估 242

　（二）脂肪組織可以訓練成為正常功能的器官嗎？
　　　 247

　（三）阻力、負重運動（重訓）對慢性病的好處 250

第六章 結語：運動為何與健康密不可分 253

　（一）運動經濟學 254

　（二）PA 預防認知症的實證醫學 261

　（三）PA 預防癌症的實證醫學 264

　（四）結論 268

後記 269

導讀

　　台灣已於 2018 年進入高齡化社會（aged society），慢性病逐年超過傳染性疾病，台灣國人重視預防保健的態度，隨著就醫的便利性、網路資訊普及化，病人被賦予更多的健康自主性與責任；「自己的健康自己負責」健康識能不再是一句口號，而是需要身體力行的全民運動。鑑於此，編寫了此書；共七章、10 個主題，以第三章的肌少症、代謝症候群、脂肪肝、衰弱症為目前比較為人重視的領域，第五章則是運動醫學，包含運動傷害、運動處方、運動經濟等議題。

　　本書從人體健康、常見急慢性疾病、飲食和運動等方面，第二章介紹常見疾病，第三章分析常見生活習慣疾病、對人體的健康影響，第五章介紹運動傷害與運動醫學的科學實證，真正讓人做到 exercise is medicine（運動可以是一種處方）！本書適合這個網路資料爆炸的年代，先過濾不正確的預防保健資訊，判斷真假常識等符合大眾期待，輔以目前最新運動常識和臨床上的實證醫學知識、基礎生理學更新的指引來完成，將來若有新的

科學知識，也需要即時修改補充，以便使本書籍的完整性與正確性，值得做為預防保健之參考。筆者才疏學淺，謬誤之處實不可避免，懇請前輩先進不吝賜教。

2021 於花蓮

推薦序

在網路發展速度越來越快的今天，要找資訊很便利但卻也很氾濫，資訊已多到要去篩選並辨別真偽，反而辨別正確的資訊成了現代人的難題。家庭醫學科陳杰醫師將目前現代人常見疾病集結成冊，對於形成疾病的前因後果說明得詳細及清楚，對於完全沒有任何醫學背景的我而言，如獲至寶般得到一部健康寶典，推薦可以買一本放在家裡當家傳的「保健寶典」，是一本家庭必備優良書本。

海安水產有限公司總經理　　王冠文

推薦序

　　現代人工作壓力大，生活作息不正常，飲食精緻化，手機 3C 不離身，導致文明病提早出現；要有健康的人生除了生活、飲食正常外，最重要的就是在疾病上能防範於未然，病兆起始之初就能見微知著，及早治療；在這部分家醫科扮演第一線的把關角色，雖然一般常說久病成良醫，但不生病也可以成為良醫，只要能多吸收醫學常識，多閱讀醫學保健書籍，了解不同症狀可能肇因，就能及早反應；陳杰醫師的書深入淺出地介紹我們一生中常遇到的各種疾病及徵狀，如有發現相關的症狀可以及早尋求專業醫師的幫助；現代人都應該具備一些基本的醫學常識，以獲得更好更健康的人生。

農業科技研究院水產科技研究所博士研究員
沈康寧

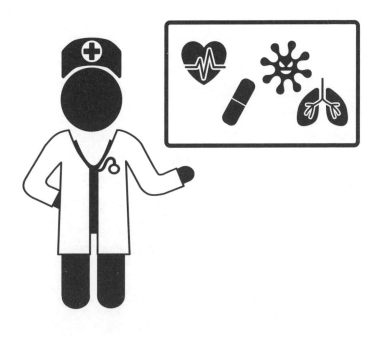

寫在疑難雜症之前

　　家庭醫師所學習的領域大概不外乎分為家庭醫學（基層醫療），行為科學，預防醫學及社區醫學；但是台灣大多數的民眾仍然對家醫科可以看哪些疾病，又可以提供什麼樣的服務感到困擾，大部分民眾感覺是：在自己想要看的科別沒有開診的時候，才會想掛家醫科，或是掛號櫃台也不清楚病患不舒服的症狀，無法決定應該掛給哪一科？乾脆先幫民眾掛家醫科好了！又，只是自己需要或幫家人拿慢性處方箋，但不想排隊等太久，就會選擇家醫科門診。台灣的家庭醫師制度是否正確，現在下結論還太早了。

■　第一節「家庭醫師」為什麼是您「健康」的好鄰居？（家庭醫學）

　　家庭醫學科是一個獨立的科別，從原本的家庭醫師制度，歷經 921 大地震，2003 年 SARS 公衛事件，漸漸喚起國人的重視，基層的第一線醫師，當重大災難發生時，才能發揮守護一生的功能；台灣家庭醫師的功能主要如下：1.公共衛生政策的執行者，2.健康促進，3.落實雙向轉診制度，4.高齡友善的健康照護，5.全人及周全的整合醫療科。

　　如果要秒懂家醫科的三全照護，首先要了解 21 世紀國際間健康照護體系發展方向，包含「以社區為導向的基層保健醫療（Community-Oriented Primary Care, COPC）」、「以在地健康照護為模式（社區健康營造）」、

「慢性疾病照護模式(Chronic Care Model, CCM)」與現今的「以人為中心的健康照護(全人照護模式)」;臺灣「三全健康照護模式」(Community Comprehensive Care Model, 3 "C" Model),為全人,全家,全社區健康照護之意。

　　全人健康照護模式就是一種以病人為中心、家庭為單位、社區為範疇,同時兼具生理、心理、社會層面的醫療健康照護,涵蓋一個人的生命週期,包含生、老、病、死及生理、心靈、情緒、社會等面向;目的是希望讓社區民眾獲得周全性、協調性、持續性、可近性及負責性的健康醫療服務,且著眼於以個人為關注核心的健康管理,進行預防保健和民眾衛教的工作,以維持個人的身、心健康。

　　另外家庭醫師(不一定是家庭醫學專科醫師)有一個 3C2A 的醫療照護特色,即建構全人健康照護模式,包含負責性(accountability)、可近性(accessibility)、持續性(continuity)、協調性(coordination)、周全性(comprehensiveness)的照顧,其運作策略中,病人與照護團隊的共同參與是在醫療體系、醫療服務及專業技能者所形成的平臺上進行,以全人健康照護為中心理念,由資源整合(中央地方公部門)、品質提升(各科醫學會與醫策會)及健保支付改善來達成健康照護支持網絡之建立,並期能提升民眾自我健康照護能力。

　　原本台灣規劃家庭責任醫師制度,希望分攤醫學中心的病人數量,讓病人就醫可以減少等待的時間,獲得

相同的服務，但因為健保初期規劃時，民眾可以自由就醫的便利性，制度始終未完全徹底落實；所謂家庭責任醫師制度是以人為中心、分級體系為基礎的健康照護（全人，全家，全社區），人口老化衍生的醫療照顧需求與慢性化問題；健保給付制度產生醫療浪費，與醫院間惡性競爭、基層醫療萎縮、醫療體系過度專科化；家庭醫師制度式微，民眾無法獲得整體性、持續性及方便性的醫療保健服務；台灣醫療以治療為主，忽略預防性醫療服務；醫療單位間缺乏合作，轉診制度實在難以落實；醫療與民眾需求產生差距，社區發展與醫療系統未能發生互動與溝通。

所有基層醫師皆需有家庭醫學的訓練，對家庭有責任、提供全人全家全社區的 2A3C 照護；除醫院層級與基層診所外，也需同時整合社區健康支持網絡，將社區資源、志工一併納入；此外亦要政府單位支持，從中協調各項資源分配；最後不可忽略民眾的健康教育，使其對自我的健康負責。

基層醫療指的是第一線，以門診為主體的醫療，是醫療保健體系中最基本的層次，是病人進行醫療保健系統的門戶；基層醫療是整個醫療系統的第一個層次，而第二層及第三層醫療主要包括專科和醫院服務，基層醫療是持續醫護過程中的首個接觸點，為市民在就近居住及工作的社區提供廣泛的服務，包括：健康促進；急性及慢性疾病的預防；健康風險評估和偵察疾病（定期健

檢）；急性及慢性疾病的治療和護理；支援病人自我管理；為身心障礙人士或末期病患者提供復康、支援和緩和醫療；基層醫療可以由不同的醫護專業人員提供，包括西醫師、牙醫師、中醫師、護理師、物理治療師、職能治療師、臨床心理師、營養師、藥師、言語治療師等；國民健康署提供 40 歲以上居民每三年一次，65 歲民眾每年 1 次的健康加值檢查服務：其中健檢報告如有異常，有幾項重點需要醫師解釋或轉介：血壓，血糖，血脂，肝、腎功能等。

■ 第二節 「全科醫師」和現代人的醫病關係（行為科學）

家庭醫業的從業人員利用 APGAR 在初次與家庭接觸時，即能對該家庭之整體狀況有所了解。

APGAR 五個字母分別代表家庭功能的五個重要成分；

A：Adaptation(適應)：家庭面臨危機或壓力時，內在與外在資源的使用，以解決問題。

P：Partnership(夥伴度或合作度)：家庭成員對決定權與責任的共享。

G：Growth(成長)：家庭成員經由相互支持指引而達到生理、心理上的成熟及自我實現。

A：Affection(情感)：存在成員間的互相關愛的關係。

R：Resolve(親密度)

除此之外，家庭醫師針對高齡化的趨勢，應該可以做到周全性老年評估，適合周全性老年醫學評估 (comprehensive geriatric assessment，簡稱 CGA) 的老年人包括 80 歲以上、已有功能不全（尤其是最近惡化者）、已有老年病症候群、有多重生理慢性疾病、同時服用多種藥物、有精神層面的問題、有支持系統的問題、多次反覆住院，或之前有使用過健康照護系統的老年人；而不適合接受 CGA 者，或是較無法從中受益者，包括嚴

重疾病者，如：疾病末期病患、重症加護病患、嚴重失智症患者、活動功能為完全依賴者，或需要長期入住護理之家者，另外健康的老年人也不需接受 CGA；在這些較年輕、健康或較少慢性疾病的老年人，醫療的重點是預防醫學，亦即生活型態的改變、飲食的調整、疫苗注射及疾病（包括潛在的老年病症候群）的篩檢、預防。

■ 第三節 家醫科門診的功能，以及可以處理的大小事（預防醫學）

　　家庭醫師擔負社區民眾的代言者的角色，配合政府推動各項健康政策，如：長照 2.0 十年計畫，經由「預防保健服務」（健康促進、疫苗接種、疾病篩檢等公共衛生業務）、「慢性病管理」（論質計酬）、「個案管理」至「照護管理」（長期照護、老人照護）等周全性推展，以共同照護門診做為基礎，主動關心特定病人的健康，並逐步在社區中擴大照顧範圍為全社區民眾，建立社區健康照護網絡系統。

　　為了達成這樣的目標，需要社區民眾、家庭責任醫師、各級醫院一起來，藉由臨床資訊系統提升、病人自我照顧技巧之學習等，以促進在健康系統與社區之整合，最後達到完善的社區持續照護體系，整個照護體系並非病人圍繞著醫院，而是整個健康照護組織以病人為中心，由慢性病個案管理模式延伸為持續性照護，朝社區醫療資源整合的方式建構；這需要個人家庭、責任醫

師、制度面。

家庭責任醫師制度出發點是以人為中心、分級體系為基礎的健康照護（全人、全家、全社區），人口老化衍生的醫療照顧需求與問題；健保給付制度下產生醫療浪費與大型醫院間惡性競爭，基層診所式微，醫療體系過度專科化，家庭醫師制度崩壞；民眾無法獲得全面性、持續性及方便性的醫療保健服務；台灣的醫療以治療為主，忽略預防性醫療服務，且醫療單位之間缺乏合作，轉診制度難以落實，診所醫師會擔心轉診給醫院，病人從此不會再上門；醫療與民眾需求產生差距，社區發展與醫療系統未能互動與溝通；所有基層醫師皆需有家庭醫學的訓練，對家庭有責任、提供全人，全家，全社區的 2A3C 照護；除醫院層級與基層診所之外，也需要同時整合社區健康支持網絡，將社區資源、志工一併納入，此外亦需要政府單位（衛生福利部）支持，從中協調各項資源分配；最後不可忽略民眾的健康教育（衛生教育），使其對自我的健康負責。

■ 第四節　家醫科和社區的民眾醫病關係（社區醫學）

全人健康照護模式亦強調預防醫學四段七級的健康照護，家庭醫師不再只是單純治療者的角色，更在乎的是提供預防保健服務，期能早期介入，及早診治。家庭醫師可以提供，從初段第一級預防醫學促進健康的衛生教育、定期體檢等，第二級特殊保護，包括實施預防注

射、個人衛生衛教、預防意外事件等，次段預防強調早期診斷與適當治療、疾病篩檢等，乃至於第三段限制殘障、適當治療以遏止疾病的惡化，並避免進一步的併發和續發疾病、提供限制殘障和避免死亡的設備，提供心理、生理和職能的復健以及長期照護。家庭醫師擔負家庭會員在醫療上的代言者角色，經由「疾病管理」、「個案管理」至「照護管理」的推展，以共同照護門診做為基礎，主動關心特定病人的健康，並逐步在社區中擴大照顧的範圍，為建立社區健康照護網絡系統做準備。

家庭醫師擔負社區民眾的代言者角色，經由「預防保健服務」（健康促進、疫苗接種、疾病（癌症）篩檢等公共衛生業務）、「疾病管理」（論質計酬）、「個案管理」（論質計酬）至「照護管理」（長期照護、老人照護）階段推展，以共同照護門診做為基礎，主動關心特定病人的健康，並逐步在社區中擴大照顧範圍，為全體社區民眾，建立社區健康照護網絡系統做準備；為了達成這樣的目標，需要社區民眾、家庭責任醫師、各級醫院一起來，藉由臨床資訊系統之提升、病人自我照顧技巧之學習等，以促進在健康系統與社區之整合，最後達到完善的社區持續照護體系；整個照護體系並非病人圍繞著醫院，而是整個健康照護組織以病人為中心，由慢性病個案管理模式延伸為持續性照護，朝社區醫療資源整合的方式建構；這需要個人家庭、責任醫師、制度面通盤資源連結。

整合式健康照護體系(Integrated health care Delivery System, IDS)是指一個優質的醫療體系需要具備安全(Safety)、有效(Effectiveness)、以病人為中心(Patient-centered)、及時(Timeliness)、效率(Efficiency)公平(Equity)等六大目標。注重醫療專業教育的重建,以強化病人照護的安全與品質;培養以病人為中心、加強實證醫學基礎之訓練、促進醫療團隊運作之品質、配合資訊透明化等核心能力,讓病人得到優質醫療服務。

台灣人口老化日趨嚴重的時代,慢性疾病人口增加,取代過去的傳染病,社會成本及健保支出勢必爆增;為了讓醫療資源集中,減少醫療浪費,避免重複治療,每個人都能有專業人員負責照護,提高照護效率;整合醫療與社福資源,讓病人與專業人員共同研擬照護計畫,協調不同的專業來執行無接縫的照護,提高連續性的照護品質;整合的重點在於分享不同領域的專業資訊、標準化照護過程的意見溝通形式、多重的評估應包容單一的評估過程、照護流程的訂定等;整合性照護雖沒有固定的規則可循,但必須有創新的觀念,才能滿足民眾的需求。

以社區為導向的基層保健醫療(community-oriented primary care, COPC),依據 1984 年美國醫學院組織對 COPC 提出三項特色:(1)基層醫療服務;(2)責任社區;(3)針對健康問題擬定之社區計畫;實施過程包括:1.定義和標示社區;2.確認社區健康問題;3.需求導向的社

區健康照顧計畫；4.追蹤評估計畫之成效；此外美國公共衛生學會在實施過程中另外加一個項目為：社區成員參與；以在地健康照護為模式-社區健康營造(community health promotion action)。

以慢性疾病照護為模式(chronic care model, CCM)，慢性病的定義是指疾病的發生過程較緩慢，早期甚至沒有症狀，而長期進展可導致器官衰竭或併發症而死亡，臨床常見的例如高血壓、糖尿病、高血脂症、冠狀動脈心臟病等，隨病程演變，病人常會出現複雜的病理變化，通常也需要跨專科領域的照護、長期固定的醫病互動關係，以及病人本身日常生活的自我照護，即「共同照護網絡」成為提供慢性病人優質醫療所不可欠缺的要素，目的是希望每一位慢性病人都可以早期發現、妥善治療、長期追蹤、全面照護。

結論是何時可以看家醫科？任何關於健康的大小事。當您需要健康檢查，或是疾病不知道該看哪一科；或是知道自己的疾病，但是診所的家庭醫師就可以幫忙的時候；或是例行性的預防接種（例如：流行性感冒），急性、慢性疾病的定期管理追蹤，或是您很健康，只是想找家庭醫師聊聊天，都是可以掛家醫科的時候！

第 一 章
別輕忽常見的小毛病

■ 一、靈魂之窗不再明亮？視茫茫的困壤

眼睛結膜外觀充滿血絲，可能是眼瞼局部或全面發炎的情況，絕大部分是自限性[1]，醫師通常會先詢問病史，有必要的話會使用裂隙燈，排除一些可能危及視力的急性眼疾；可能的紅眼症原因如下：1. 結膜炎。2. 角膜炎。3. 鞏膜炎。4. 急性青光眼。5. 葡萄膜炎（虹膜炎、虹膜睫狀體）。6. 結膜下出血（有外傷病史）。7. 眼瞼炎等。分別敘述如下：

（一）結膜炎：眼睛紅腫、流淚、畏光

1. 症狀

流眼淚，眼睛癢，分泌物增多，畏光，眼睛疼痛。

2. 生病原因

急性結膜炎俗稱「紅眼症」，主要是因為結膜受到感染，而導致急性發炎、搔癢，多半由病毒引起，其他如細菌（淋病）、披衣菌、黴菌、刺激性過敏原、感冒等亦可造成結膜炎。一年四季都可能發生，但以春夏季較為常見，經常由游泳池或公共場所的接觸傳染，有過敏體質的人在冬春季節交替時、接觸花粉、攝取富含過敏原食物（常見如：花生、不新鮮的海鮮、貝類、某些

---

1 「自限性」是指即使不加以治療，也可能隨著時間自己痊癒的疾病。

溫帶水果），甚至普通感冒都有可能合併結膜炎發生。很多傳染性疾病都會合併出現結膜炎，例如：日本腦炎、登革熱（又稱天狗熱、斷骨熱）、流行性感冒等，結膜發炎也常見於配戴隱形眼鏡的人，或角膜被異物刮傷等。

結膜發炎使眼睛浮腫，奇癢無比，由於結膜是一個膜狀組織，分布在整個眼球最表面，眼睛外觀結膜充血（即眼白部分發紅）、灼熱感、疼痛、搔癢、畏光、流淚、眼皮腫脹、產生水樣分泌物。清晨起時眼睛被分泌物黏住難以睜開、怕光（一般光源下就會感覺不舒服）、部分會出現視野缺損，一般結膜炎也有可能是細菌毒性較強的砂眼披衣菌、淋病雙球菌等感染，若病程快速也可能會失明。結膜炎經常合併砂眼、外麥粒腫（針眼）、內麥粒腫、過敏反應。

若依據不同的傳染源，常見的急性結膜炎可分為三類：

（1）流行性角膜結膜炎：腺病毒感染造成。潛伏期為3～5天，病程約3～4週，年紀較小的兒童受到感染時可能會有出血或形成眼睛偽膜的狀況，有時還會併發點狀、淺層角膜發炎，這種點狀角膜炎，有的會隨結膜炎一起痊癒，有的若產生結膜表皮下結痂，瘢痕得要好幾個月才能慢慢消失，甚至持續終生。

（2）出血性角膜結膜炎：由腸病毒感染所造成；這

種結膜炎的發病時間非常迅速，病程大約 10 天，還常合併耳前淋巴結腫痛和結膜下出血的病徵。

（3）感染披衣菌的結膜炎：由披衣菌感染所造成；潛伏期約 1 ～ 2 個星期，如果放任不管，有可能拖到數個月。一般來說主要的症狀是黃膿黏性分泌物，合併有耳前淋巴結腫痛，還有可能產生角膜旁邊周圍的血管翳。病毒（如腸病毒、腺病毒、科沙奇病毒）在炎熱潮濕的夏季最常出現，流行的途徑以人多擁擠的公共場所，直接或間接接觸性傳染最為常見。

3. 治療及預防建議：

無論出外或在家，只要從事與眼睛有關的行為，並時時注意個人衛生。不要用手揉眼睛，戴隱形眼鏡、化妝、卸妝等，都要先用肥皂或洗手液洗手。公共場所的毛巾，儘量不要直接擦拭眼睛，最好準備個人專屬的盥洗用具，或是使用衛生紙巾。

減少眼睛接觸刺激性物質（例如：添加香料的化妝品、清潔劑或有機溶劑、過敏原），在粉塵很多的環境工作時，使用適當的護目鏡，也能避免結膜炎產生。

治療上可用局部眼用的抗生素眼藥水或含有類固醇的眼藥水緩解不適症狀，局部、短暫小劑量使用類固醇並不會造成月亮臉、水牛肩；此外就是眼睛休息，能不用眼就儘量閉眼休息，讓眼淚滋潤眼球。

（二）角膜炎：眼睛灼熱、刺痛

1. 症狀

角膜上皮層內含有豐富的感覺神經，一旦罹患角膜炎，症狀有刺痛感、強烈的異物感，角膜表面混合性充血，伴有畏光、頻流淚、患者覺得眼睛疼痛、視力模糊等。

角膜炎發生後其病程與病理變化可分為三個階段：

炎症浸潤期，這個時期主要為血管擴張和充血，角膜損傷區域形成邊界不清楚的灰白色混濁病灶，即角膜水腫、角膜浸潤（corneal infiltration），此時如果治療得當，角膜透明性將恢復。

如果浸潤階段沒有有效控制，角膜浸潤區的角膜上皮，前彈力層和基質層壞死脫落，角膜組織出現缺損，形成所謂角膜潰瘍，嚴重時會發生虹膜睫狀體炎，前房積膿，角膜基質完全被破壞就會發生角膜穿孔；經過治療到了恢復期，潰瘍可逐漸轉向清潔，周圍健康角膜上皮細胞迅速生長，將潰瘍面覆蓋，構成不透明的瘢痕組織，若位於角膜中央可使視力嚴重喪失。

2. 生病原因

角膜炎不像結膜炎症狀單純，常常合併許多其他症狀，如：引起角膜周圍充血、發紅、水腫等，當病程進一步加重或惡化，就會引起嚴重的後遺症，即角膜潰瘍

和角膜穿孔，使微生物入侵眼內，引起眼內炎甚至失明；所以角膜炎是一種嚴重，並會導致失明的眼疾。

分泌物增加和浸潤形成潰瘍，潰瘍性角膜炎大致分為外在因素，感染性致病因子，侵入角膜上皮細胞層，而發生的發炎症狀，角膜炎最主要感染源是細菌、真菌和病毒，戴隱形眼鏡的人有較大機會受到感染，其餘引起感染性角膜炎的常見微生物有阿米巴原蟲。

3. 角膜炎分類

角膜炎是一種多發性眼疾，分類方法也很多；有根據不同病因分類（細菌性角膜炎或病毒性角膜炎），也有根據炎症的解剖部位分類（深層角膜炎或淺層角膜炎），或者根據炎症的形狀分類的（樹枝狀角膜炎和盤狀角膜炎），根據有無潰瘍和內在、外在因素分類的，下面簡單介紹角膜炎的主要分類：

（1）病毒性角膜炎：最常見的為單純皰疹病毒感染引起的角膜炎，角膜病灶處會呈現典型的樹枝狀上皮缺損。其次為帶狀疱疹性角膜炎、及腺病毒引起的點狀角膜炎。

（2）細菌性角膜炎：這是指能夠直接侵犯完整角膜上皮而造成角膜感染，或者是由其他因素如外傷、乾眼症、角膜暴露及免疫不全等造成的伺機性感染。此外長期配戴隱形眼鏡，尤其是長戴型的隱形眼鏡，常常會因綠膿桿菌感染而引起角膜炎，甚至角膜潰瘍，並迅速在

48 小時內導致角膜穿孔的嚴重後遺症。

(3) 黴菌性角膜炎：常見的致病黴菌為曲狀黴菌，其次為鐮刀菌。感染黴菌的原因包括類固醇及免疫抑制劑的過度使用。

(4) 過敏性角膜炎：由先天性和過敏性因素引起，包括樹狀角膜炎、深層角膜炎、硬化性角膜炎、角膜實質炎等。

(5) 外傷及營養性角膜炎：包括角膜上皮剝脫、角膜軟化症、神經麻痺性角膜炎及暴露性角膜炎。

(6) 病因不明的角膜炎：

侵蝕性角膜潰瘍、卷絲狀角膜炎和點狀角膜上皮剝落。

角膜炎發生的原因複雜而多樣，在綜合各種因素後概括來說，外傷和感染是兩大主要致病因素。正常情況下完整無缺的角膜上皮細胞是抵禦外物入侵的最好屏障；一旦角膜上皮細胞受到損傷如外傷、長期配戴隱形眼鏡、感染微生物病菌，導致角膜上皮細胞被破壞而發生角膜炎症反應，這些情況就統稱為角膜炎。

4. 其他角膜炎的常見病因

(1) 因全身性疾患如結核病、梅毒、麻瘋、顏面神經麻痺等引起；(2) 因角膜相鄰組織的炎症如結膜炎、虹膜炎、鞏膜炎的蔓延所引起；(3) 維生素 A 缺乏、營

養不良的人；(4) 外傷導致。

5. 治療及預防建議

治療角膜潰瘍的同時，必須注意潰瘍發生的原因，而予以治療。最應注意者就是結膜炎和營養不良；例如：砂眼血管翳潰瘍，如果不同時治療砂眼，潰瘍難得痊癒；例如：角膜軟化，如果不補充維生素 A，不但角膜軟化難得痊癒，且會更加惡化。

(1) 抗生素治療。

(2) 針對黴菌感染者，給予局部抗黴菌藥劑，必要時全身給藥。

(3) 病毒感染者如疱疹會投予抗病毒藥劑，有時候視情況給予局部類固醇眼藥水。

(4) 角膜炎併發虹彩炎患者，首先控制改善角膜炎的症狀，同時還要追加睫狀肌麻痺藥及類固醇藥劑。

(5) 併發青光眼則需要以藥物或雷射手術治療。

(6) 化學或毒物所引起的角膜炎，在解決化學毒物後，還得預防角膜再次受到感染。

(7) 因角膜炎導致角膜潰瘍、角膜穿孔而最終會有失明等嚴重後遺症時，應注意眼部衛生，特別是感染性角膜潰瘍，擦過眼疾的毛巾、手帕不要接觸健康眼；病情活動期間避免游泳、眼部化妝；嚴重的角膜潰瘍有穿破危險的時候，要特別注意防止眼壓突然升高的情形發

生，避免碰撞病變眼球、劇烈咳嗽、閉氣、突然低頭彎腰等動作，大便過度用力也可能導致角膜潰瘍穿孔，所以一定要保持大便通暢，避免便祕。生活作息規律，夜間疼痛難以入睡者，可在睡前口服止痛藥或安眠藥；若嚴重受傷往往只能進行眼角膜移植手術。

6. 食療提升自癒力

注意加強營養，宜食含有豐富營養、易消化的食物。多吃一些胡蘿蔔、豬肝等維生素A含量豐富的食物。應進清淡飲食，少吃煎炸性食物。忌菸酒和其它刺激性食物，如：辣椒、大蒜等。口服維生素 A、維生素 B、維生素 C、維生素 D 等。

（三）飛蚊症：注視景物出現有如蚊子般飄動的黑影

1. 症狀敘述

眼前出現黑點、視力干擾、出現閃電的感覺。

正常的玻璃體在眼球內是種狀似蛋白的清澈膠質物，但在 40 歲以後，眼睛中的玻璃體易發生液化現象，並出現極細的凝結物投影在視網膜上，當眼睛注視白色背景物時，光線則將這些纖維的影像投射在視網膜上，因為飄忽不定，便形成好像蚊子在身旁飛繞的情形。

它的形狀有時似圓有時又是點，甚或一條條線出現也說不定，沒有固定的形狀，且當眼珠左右轉動時，小

黑點也會跟著飛動，而當眼球轉動過度，玻璃體拉扯到視網膜時也會有閃電出現的感覺，這即是俗稱的飛蚊症。

這種症狀的發生可能是慢慢來的，也可以是突然發生的。病人感到有一個、數個、或甚至很多個黑點在他的視野中。這些黑點有人形容成「點狀」、「樹枝狀」、「蜘蛛網」、「毛毛蟲」等。也有兩種以上形狀合併出現的可能。這些懸浮物通常在我們眼球停止運動仍會繼續移動，因此有了「飛蚊症」這個稱呼。

出現在視野中心，而且較少移動的「飛蚊」，會引起比較多的注意及困擾，甚至影響日常生活工作。在周邊視野出現的「飛蚊」通常會被忽略，它們只是偶而才出現，而且要在特殊眼球位置，或很大的眼球運動才會注意到。通常在強光下，或背景亮度均勻的情況下，較容易查覺，如閱讀時。在近視或其他玻璃體液化的病人最容易出現。

2. 生病原因

大多數的飛蚊症患者，肇因於老化而導致，屬自然現象；輕微的飛蚊症不須治療，多休息就能改善，只要定期追蹤即可。高度近視患者因為眼睛的眼軸變長，視網膜受到拉扯，可能會導致飛蚊症發生。

眼睛遭受外力撞擊後，視網膜受到不正常拉扯，可能被拉出破洞，眼前可能就會出現大量黑影。一些少數

的飛蚊症是因為玻璃體出血、糖尿病病變或其他疾病引起，但狀況通常最為嚴重。

大部分的飛蚊症是年紀老化的一種現象，但常發生在近視的年輕患者身上，40 歲以上的中老年族群，高血壓、糖尿病患者，重度 3C 產品使用者，超過 600 度的近視患者。另外有視網膜破洞或剝離病史者；頭部或眼部外傷病史者，看物時感覺視野內有黑色棉絮、蚊子在飄動。

飛蚊症並不是一種疾病。這可能是一種眼睛老化的症狀，也可能是眼睛有其他疾病的徵兆，若是黑影出現在周邊視野，而且偶而才出現，通常出現的「飛蚊」會被忽略，而且要在特殊眼球位置，或很大的眼球運動時才會注意；在強光下或背景亮度均勻的情況下，較容易查覺。

眼球中間有一團澄清透明的膠狀物質稱作玻璃體，它占據了我們眼球三分之二的體積及重量；玻璃體對於保持眼球形狀，使物像不受阻礙的呈現在視網膜上有很大的功勞，玻璃體出現懸浮物或是俗稱的「飛蚊症」，則是不正常的玻璃體最常表現出的症狀；造成飛蚊症的原因如下：

(1) 生理性：小於 35 歲出現，通常是電腦工作者。

(2) 老年性：玻璃體退化、視網膜與玻璃體分離。

(3) 病理性：玻璃體退化病變、玻璃體出血、高血壓、

眼中風、視網膜剝離、玻璃體發炎，有可能會失明。

飛蚊症的高危險族群：高度近視、曾接受白內障手術、糖尿病患者血糖控制不佳、眼球受傷（例如：被石頭擊中），造成「飛蚊症」的其他原因還有因為視網膜破裂、剝離所產生的小量的眼內出血；其他常見還有因為糖尿病，高血壓等所引起的。

3. 治療建議

倘若沒有明顯變化時可以不必理會，但忽然發現飛蚊數量遽增，或看見類似閃光出現，或有視力模糊，視野缺損的問題，就應儘早找醫師作詳細的眼底檢查。

玻璃體混濁的飛蚊症本身是對人體無害的，只要每 4 個月請眼科醫師追蹤檢查眼底即可，有些飛蚊時間久了，會慢慢消失或沉澱，不再成像在視網膜上干擾視覺。

如果突然眼前黑點變多，飄移的位置擴大或視力影響到生活時，應盡速就醫，評估眼科雷射手術的必要；飛蚊症是許多眼疾的指標或徵兆，因此預防飛蚊症通常也能防止這些眼疾發作，一般包括避免過度用力（例如：搬重物或用力排便）、打噴嚏過猛、避免熬夜或睡眠不足，或是用眼過度等。平時讓眼睛多做適當休息，能防止飛蚊症的發生或惡化。

（四）乾眼症：眼睛乾澀、異物感、畏光、短暫視力模糊

1. 症狀敘述

乾眼症常見症狀包括：視力模糊、眼睛乾澀、異物感、敏感怕光、眼睛容易疲勞、很想閉眼睛，眼皮睜不開、感覺眼壓高、有腫脹感、眼睛紅或同時有頭痛、怕光、暫時性視力模糊；有時眼睛太乾、基本淚液不足反而刺激反射性淚液分泌而造成常常流眼淚；較嚴重者眼睛會紅、腫、充血、角質化，角膜上皮破皮而有絲狀物黏附，長期傷害則會造成角膜、結膜病變，並會影響視力。

2. 生病原因

正常眼睛表面有一淚液層，覆蓋於角結膜上，形成一層保護膜；淚液層由外而內可分為三層：

油脂層：皮脂腺分泌，功能為增加淚液表面張力，延緩水分蒸發。水液層：淚腺分泌；占淚液成分絕大部分，含營養物質（nutrition）和抗菌物質。黏液層：由結膜細胞分泌；和角膜、結膜上皮細胞接觸。

若眼睛缺乏三層中的其中一層時，淚液分泌不足或不平均，都會出現乾眼症；乾眼症指淚液分泌不足或蒸發過度，眼球表面無法保持濕潤，導致結膜異常發炎的眼疾。乾眼症原因很多，常見包括：睡眠不足、壓力、

長時間配戴隱形眼鏡、使用電腦 3C 產品，室內空調極度乾燥使溼度不足、內分泌系統異常等；更年期婦女及罹患自體免疫疾病：如類風溼性關節炎或紅斑性狼瘡等患者，也較容易合併出現乾眼症（請參見乾燥症候群[2]）。

一般常見的原因如下：

（1）淚液分泌不足是常見原因，像是老年族群淚腺功能退化，或是老年才出現的自體免疫疾病，身體產生抗體攻擊淚腺細胞，其他原因如淚腺發炎、外傷、服用慢性病藥物如：降血壓藥物、鎮靜安眠藥；眼瞼皮脂腺功能不良、黏液層分泌不足、維生素 A 缺乏、慢性結膜炎、淚液過度蒸發、眼瞼閉合不良如：甲狀腺亢進患者，乾燥症候群等，都會造成淚液分泌不足；至於長期戴隱形眼鏡，由於減少角膜之敏感度，有時也會影響淚液之分泌。

2　何謂乾燥症候群（修格蘭氏症；Sjogrens' syndrome）？一種全身性疾病，乾燥性結膜炎、口乾、眼乾、角膜炎、肺炎（尤其間質性肺炎）、腎盂腎炎、血管炎等等症狀。

　　什麼是間質性肺炎？間質性肺炎是瀰漫性肺實質發炎、肺泡炎和肺間質纖維化為病理基本改變，症狀以活動性呼吸困難、胸部 X 光下顯示瀰漫陰影、限制性通氣障礙、氣體擴散功能受到阻礙，和低血氧症為臨床表現的不同症狀，構成的臨床疾病的總稱，間質性肺炎不一定是感染，亦非已知的感染性致病源引起，肺炎伴隨黏液和濃痰，食慾不佳，體型明顯消瘦、四肢無力、發燒、關節痛等全身性症狀。

（2）油脂層分泌不足：由於眼瞼疾病，造成眼瞼皮脂腺功能不良。

（3）黏液層分泌不足：缺乏維生素A、慢性結膜炎、類天皰瘡、化學性灼傷等。

（4）淚液過度蒸發、淚膜分布不均勻：眼瞼疾病造成眼瞼閉合不良，眨眼次數減少如：長時間專心開車、一直盯著電視電腦，減少眨眼次數、長時間在冷氣房工作或戶外強風，工作環境太乾燥；好發族群以後天退化性的淚腺分泌居多；並不是年紀大才會有此情形，有的人因體質的關係，如乾燥症或過敏性體質，二十幾歲就會有乾眼症。或是罹患慢性疾病，如：糖尿病、腎功能不全等；而身體免疫功能障礙，如類風濕性關節炎、紅斑性狼瘡、僵直性脊椎炎等等患者；淚腺外傷、甲狀腺機能亢進、修格蘭氏症候群（乾燥症）、顏面神經麻痺以致眨眼困難、近視雷射手術後短期等。

3. 如何預防乾眼症

預防祕訣：規律的生活作息、充足睡眠不熬夜、均衡飲食，額外補充維生素A（每天5000 IU）、每天口服維生素C（500～1000 mg）、每天5～10 mg EPA或DHA（深海魚油）、多吃葉黃素（Lutein）或深色蔬菜（胡蘿蔔、菠菜等）、當季水果；多攝取富含維生素A、E之蔬果，避免油炸食物。

讓眼睛充分適當的休息、避免長時間用眼過度，注

意眨眼次數。洗臉時注意眼瞼、睫毛清潔。使用毛巾熱敷可以減輕疲勞、增加淚液分泌。戴隱形眼鏡時間不要過長，睡眠時應該取下。

眼睛不舒服一定要尋求醫師協助；千萬不要自行購買眼藥水長期使用。輕微乾眼症可以點人工淚液（有藥水、藥膏、凝膠等型式；另有不含防腐劑，戴隱形眼鏡時可點之產品）、睡前點潤滑眼睛的眼藥膏，熱敷、按摩則可刺激淚液分泌。

中度乾眼症則可以增加人工淚液之次數、戴擋風眼鏡、降低室內溫度、增加溼度、減少淚液之蒸發。

嚴重乾眼症除了以上治療方法，有時還必須將眼球覆蓋，以避免眼球過度乾燥造成之傷害。

另外也要找出造成乾眼之原因，如：眼瞼炎、維生素Ａ缺乏、結膜炎、結膜疤痕、過敏、自體免疫疾病等疾病；並積極治療，以人工淚液每2小時補充淚液的不足，而類固醇眼藥水可以預防性的每6小時點1次，至於市售的人工淚液型凝膠則建議睡前使用。

（五）青光眼：眼睛疼痛、視野越來越小，甚至失明

1. 症狀敘述

急性青光眼病人有頭痛、噁心嘔吐、視力糢糊、看燈光有光暈、眼睛

痛、眼睛發紅、同側頭痛、視覺範圍縮小等症狀。

2. 生病原因

依照解剖學上隅角開放程度的不同，青光眼可分為隅角開放性，及隅角閉鎖性兩種；又根據發病速度及眼壓上升的快慢可以分為急性及慢性。

多數的青光眼病人是屬於原發性，也就是目前無法找出生病原因；也有先天基因的問題，或在母親子宮內感染，造成的先天性青光眼。其他還有因為外傷、眼睛內發炎、或各種眼睛手術的併發症、糖尿病等血管性病變造成，以及局部或全身性類固醇的使用。主要的原因為房水累積在眼內無法排出，結果眼壓增高，視神經細胞逐漸死亡，影響了視覺功能和最終導致永久失明，是一種常見的眼睛疾病。

青光眼與眼壓的關係：眼壓高要懷疑罹患青光眼，但青光眼的患者也可能眼壓正常；青光眼會造成視神經萎縮、視野缺損，病態性眼壓大於 21 毫米汞柱是重要危險因子之一；多數青光眼患者並沒有早期症狀，只能靠定期檢查才可能及早診斷。

青光眼的依症狀發作的時間長短可以分為急性和慢性：急性青光眼發作，眼壓在短時間內上升，出現噁心、頭痛、結膜出血、視力模糊等症狀，病人會有自覺而就醫，若眼壓持續升高可能會失明。

慢性青光眼：眼壓可能正常或偏高、但不會太高，

且大多沒有症狀；漸進式地視力降低，從周圍往中心侵犯視野、影響視力，可以使用眼藥水、口服降眼壓的藥物如利尿劑、雷射手術讓視神經維持不惡化，但無法使視神經完全恢復功能。

常見青光眼的種類有以下幾種：

(1)隅角開放性青光眼：一般沒有症狀，因此最容易被病人忽略，只有在末期，病人才會發現看東西模糊不清，看的範圍變窄。如高度近視、糖尿病及長期點類固醇眼藥、虹彩炎患者等皆為此類青光眼的高危險群。

(2)隅角閉鎖性青光眼：常發生在老人家。急性發作時，病患會突發視力模糊、眼睛紅痛、頭痛、噁心或嘔吐；慢性隅角閉鎖性青光眼的症狀較輕，有時甚至沒有症狀，輕者晚上看電燈會有虹彩圈；偶爾眼球會痠痛或頭痛，但睡覺時會覺得較舒服，進到暗房（如電影院、車輛進入隧道等），眼球會覺脹痛，甚至頭痛。老花眼及白內障患者為此類青光眼高危險群。

(3)先天性青光眼：此乃房水排出管道的先天性缺陷導致，小孩在出生後，眼壓升高時常會引起眼球變大，角膜直徑較大，厲害者角膜呈混濁，小孩會有怕光，淚水過多的現象，變大的眼睛又被稱「牛眼」。

(4)正常眼壓性青光眼：眼壓正常，但是有青光眼的表現及症狀。此種青光眼與疾病有關，如眼球有外傷撞擊的病史、或全身性的疾病（如偏頭痛、心血管疾病、

雷諾氏症候群、低血壓、高膽固醇血症、高血脂症、糖尿病等）皆有可能引起此型青光眼。

（5）絕對性青光眼：各種型之青光眼末期，導致視力完全喪失，眼壓無法控制，眼睛非常疼痛，統稱為絕對性青光眼。此類青光眼只能以冷凍法或雷射破壞睫狀體來減少房水的分泌，減輕疼痛，嚴重者更需手術治療。

診斷青光眼最重要的就是眼底的視神經檢查，因為它是目前所知最早會出現病變的地方。其他如：視野檢查及眼壓測量，裂隙燈，也是診斷、追蹤、或評估治療效果的不可或缺的輔助；依照病因青光眼可分為原發性和續發性；原發性就是我們目前找不到任何原因，可用來解釋青光眼的發生，續發性則是有原因可以解釋它的成因如：發炎、藥物使用等；青光眼主要是由於眼球內壓力（眼壓）上升而引起的；位於眼的前方是前房，有一種清澈的分泌液（眼房水）不停的流入，再經由前房角流出，假若眼房水的流動遇上阻塞，眼壓會上升，就可能會導致視神經永久性的破壞。

青光眼從早期單純的認為是急性或長期眼壓升高導致視覺功能受損，到近年來終於確認青光眼是個多樣化的視神經病變，難以單純用眼壓的升高作為發病的原因；因為在實際病例中可以發現，有些人眼壓雖在正常範圍內，但仍可能有青光眼的視神經病變，有些人眼壓偏高卻未必會有青光眼，目前醫學研究一致認同的定義

是青光眼為一群不同原因的疾病組合，共通點是具特徵性的視神經病變，同時伴隨有典型的視野缺損，而眼壓的升高是青光眼的危險因子之一。

青光眼容易好發的因素：

(1)年齡：當器官隨年紀老化，眼內房水流經出水孔排水管的阻力增加，眼壓增高的機會就越大；另一方面視網膜神經細胞也較脆弱，因而也容易產生青光眼的視神經病變。

(2)種族：不同種族的人罹患青光眼的種類也不盡相同，就隅角開放性青光眼的發生率來說，一般是黑人 > 白人 > 黃種人，而隅角閉鎖性青光眼的發生卻是愛斯基摩人 > 黃種人 > 白人 > 黑人。

3. 建議

有青光眼的家族史：一等親當中有青光眼的疾病史，罹患青光眼的機會比較高，不論透過手術、雷射治療或藥物，都只能讓視力不要惡化，或惡化程度慢一點。治療後病人多半不會感覺到視力有任何進步；正常眼內壓大多在 10 到 21 毫米汞柱的範圍，眼壓越高視神經受壓迫而損傷的可能性越高。

青光眼病人最關心的就是會不會失明？但影響預後的因素很多，例如：青光眼種類，是否早期診斷出來，診斷後的治療是否妥當，及病人本身是否還有其它風險因素等都會影響預後；雖然影響因素很多，但是有 10%

青光眼病人失明的原因，卻是沒有依照醫師的指示規則用藥；占所有青光眼的可預防原因中的第一位。

4. 小叮嚀

青光眼病人常常會擔心，自己能做些什麼來幫助自己的視力？有幾件事情可以注意的：1. 按時點眼藥及生活正常。2. 需要長期追蹤治療，隅角閉鎖性青光眼是急症，可能突發失明，若急性眼痛、偏頭痛、視力模糊，且有家族史的女性應立即就醫。

視神經一旦遭破壞就無法再生，因此盡量減少視神經的持續受損為治療青光眼的最高原則；青光眼與高血壓或糖尿病一樣並無法「根治」；為一種需要終生進行治療與追蹤的慢性疾病。確實接受治療，則可以跟一般人生活一樣。

一般治療的方法 1. 藥物治療，2. 雷射治療，3. 手術治療；藥物的治療包括：點眼藥或口服藥物，這些藥物都是減少房水生成或促進房水的排出，以達降眼壓的效果，使青光眼得到良好的控制；隅角開放性青光眼多以藥物控制為優先考慮，失敗後才考慮雷射治療或手術。

5. 食療提升自癒力

青光眼成因之一是視網膜的節狀細胞不斷死亡，有研究指出攝取高劑量維生素 B3 對實驗老鼠高眼壓性節狀神經細胞，有保護之效，建議以抗氧化劑、含 B3 之

綜合維生素 B 群等作為青光眼的輔助治療；因此日常生活上建議青光眼患者，大量攝取深色蔬果，避免高油、高糖分、高脂肪；至於喝水，患者還是可以喝少量的咖啡、茶與紅酒。

（六）黃斑部病變：所見畫面扭曲、中心冒出黑點

1. 症狀敘述

黃斑部位於視網膜正中央，決定影像成形的形狀、顏色、亮度，是視覺功能最敏感的地區。黃斑部隨年齡增長逐漸在視網膜中央（視野缺損：以中央視力模糊為主）出現退化，急性視力減退及漸近性視力減退。

黃斑部病變的患者大都有明顯的主觀症狀包括看東西時，影像扭曲，視力模糊、顏色變淡或暗影和後天性色盲，尤其是在近距離看東西時會產生困擾，嚴重者，無法閱讀，或是辨識人的臉孔。

其中急性視力減退多為單眼視力突然大幅度下降，看東西會覺得變形。通常雙眼一起發生，一般分為乾性和濕性，主要以黃斑部是否產生脈絡膜血管新生，濕性的意思是老年的黃斑部因為新生血管產生黃斑部水腫、出血，對視力影響較大。

2. 生病原因

黃斑部病變會影響視覺、嚴重時可能導致失明。眼

部中心視力及色彩辨識，包括老化、先天基因、陽光傷害、吸菸、高度近視等因素，都可能導致視網膜下方產生新生血管，不僅影響視力，也會造成影像扭曲。

　　黃斑部病變通常為兩側性發作，當其中一眼出現病變時，另一眼可能也發生病變。黃斑部病變是常見的眼部疾病之一，也是老年人頭號視力殺手。

　　好發於：超過 600 度的近視患者；超過 50 歲以上的中老人族群；體質遺傳；吸菸者；高血壓患者；環境因素造成，例如：常接觸強光、紫外線者。

　　全身的代謝性疾病如：糖尿病、高血壓等引起的視網膜病變，常引起黃斑部慢性水腫而影響視力。1. 視網膜分支或中央動脈阻塞所造成的急性缺氧、缺血而導致黃斑部功能喪失。2. 視網膜分支或中心靜脈阻塞導致出血、缺氧或水腫而使得黃斑部功能受影響。3. 中心漿液性脈絡膜視網膜病變而致視力減退，中心暗影及視物變小。4. 老年性黃斑部病變，乃是與年齡有關的退化，黃斑部常因新增血管導致的出血、水腫（濕性）而影響視力。5. 高度近視眼底病變常見黃斑部退化、出血、新增血管、黃斑裂孔甚或視網剝離而使得視力急速下降。6. 黃斑部裂孔，短期內可見視力明顯下降及中心視野絕對暗點。7. 外傷導致的裂孔，水腫、出血會影響視力。

3. 治療建議

　　濕性老年性黃斑部病變時即須接受雷射治療或眼球

內抑制血管內皮細胞生長因子注射療法。雷射治療方法包括傳統的雷射光凝固治療、經瞳孔雷射熱療法、雷射光動力療法。傳統雷射治療適合運用在距離黃斑中心點較遠的脈絡膜新生血管。經瞳孔雷射熱療法則使用較低之雷射能量，以期達到減少對正常組織的傷害，而達成對新生血管之治療。

光動力療法結合靜脈注射光敏感藥物與雷射治療，可針對新生血管組織作選擇性的破壞，卻仍然保留正常組織。可運用在緊鄰黃斑中心或位於黃斑中心正下方之典型或隱藏性新生血管。

另外眼球內抗內皮細胞生長因子藥物注射療法也是另一種治療的選擇。這類藥物在臨床上有令人驚豔的成效，副作用方面則包括由於須多次眼球內注射，有約低於 1％ 的患者出現眼內炎，此外高血壓、心肌梗塞與腦血管病變的問題也必須特別小心，對於眼球週邊有傳染性發炎或對藥物過敏的患者，則應避免使用。

4. 如何食療提升自癒力

多攝取葉黃素（Lutein）、β 胡蘿蔔素、深綠色蔬菜、魚類、戒菸、Vitamin C 和 E。富含葉黃素食物：菠菜、地瓜葉、南瓜、柳丁、蕃茄、油菜等；富含 β 胡蘿蔔素食物：胡蘿蔔、木瓜、地瓜、芒果、韭菜、茼蒿。

另外，可食用富含抗氧化功能的食品，如維生素 A、C、E、鋅及硒，和類胡蘿蔔素（如葉黃素及玉米黃

素）等；每天攝取 6 mg（毫克）的葉黃素（lutein）或玉米黃素（zeaxanthin）可降低眼黃斑部退化的風險高達 43%，而維生素 A、C、E 沒有降低黃斑部退化的機率；多吃綠色蔬果及魚類，補充葉黃素與 omega-3 魚油（EPA、DHA(非魚肝油)）；外出時做好眼睛防曬，避免用眼過度。

戶外休閒活動建議配戴太陽眼鏡或帽子，保護眼睛；平時不吸菸、預防高血壓、高血脂、高血糖。補充抗氧化的物質如：維生素 A、C、E，及微量礦物質如硒、鋅、錳、銅，能夠幫助視網膜斑細胞對抗自由基的傷害。

（七）視網膜剝離、病變：閃光幻現、浮動黑點

1. 症狀敘述

視網膜是內襯在眼球後的一層感覺神經細胞層，視覺裡光覺、色覺、形狀感覺皆由視網膜細胞負責，由光刺激轉化成神經訊號傳入大腦，視網膜類似照相機底片，當視網膜上的色素上皮層和感覺層分離即稱視網膜剝離，是眼科急症，症狀有閃光幻覺（沒有光線卻仍見到閃光），周邊視野缺損，視力急速減退。視力模糊，眼前出現黑點，眼前異常閃光，視野缺損。

2. 生病原因

長期的高血糖可能會引起眼部視網膜血管病變，稱之為糖尿病視網膜病變（diabetic retinopathy）。據統計

在罹病 15 ～ 20 年之後，所有第一型糖尿病患者，幾乎都會產生視網膜病變。除了糖尿病患者，高度近視也會造成視網膜剝離。

超過 60% 的第 2 型糖尿病患者會有視網膜病變，其中有 20 ～ 30% 的病人會導致失明；增生性視網膜病變患者可能因視神經盤血流不足或血管脆弱破裂出血，也可能黃斑部水腫、玻璃體出血、視網膜剝離，或血管新生性青光眼，所以血糖控制不佳（長期高血糖），似乎是失明的高危險因子。

在已開發國家，糖尿病視網膜病變是 20 ～ 65 歲人口中失明的最主要原因；視網膜病變似乎跟糖尿病畫上等號，長期血糖上升會引起眼部視網膜微血管病變，除血糖之外，人種、基因、血壓、血脂、尿蛋白都是危險因子。

糖尿病視網膜病變又分增生性、非增生性。視網膜剝離有三種：1.裂孔性視網膜剝離為臨床最常見，與老化、高度近視有關，視網膜先有裂孔，玻璃體由裂孔滲入視網膜下方，使周邊視網膜上皮層和感覺層分離而失明。2.牽引性視網膜剝離：主要發生於糖尿病、外傷和早產兒視網膜病變，視網膜纖維組織增生後收縮牽引力將視網膜和色素上皮層扯開而失明。

（1）非增生性視網膜病變：眼底鏡可看到一些小出血點，脂肪性滲出物；非增殖性視網膜病變：屬於早期

的糖尿病視網膜病變，視網膜上的血管形成小血管瘤，體液滲出，視網膜有點狀出血，水腫等變化。

(2) 增生性視網膜病變：視網膜上有新生血管形成，不正常而且脆弱的微血管生長到玻璃體之中，也會造成玻璃體出血，視網膜剝離。

(3) 滲出性視網膜剝離：常見於鞏膜炎、眼球腫瘤。因眼球內嚴重發炎使血管滲出液漏出，積聚在視網膜下方造成視網膜剝離；黃斑部為視網膜上感光細胞最集中的地方，如果出血或水腫，對視力影響很大。

3. 建議

糖尿病視網膜病變，大多自視網膜周圍開始，所以初期中央視力大多不受影響，故病人往往沒有發覺，然而此時卻是治療的黃金期。醫師可藉由視網膜周邊雷射來抑制出血，避免新生血管繼續惡化生長。

如果於初期病變時未適當控制，會持續惡化至中央視網膜區域，此時視力會大大受損，因為長出的新生血管以及纖維組織，會導致「增殖性」視網膜病變；嚴重者會產生玻璃體出血或牽引性視網膜剝離；此時須藉由玻璃體切除手術來治療，治療後或許可保持一些視力，然而卻已大不如前。至於糖尿病引起之黃斑部水腫，目前最有效的治療方式，為玻璃體內注射抑制新生血管因子藥物療法，而且在特定條件下可以申請健保給付，減輕病患的負擔。

　　根據統計第一型糖尿病患罹病五年左右，有 10%
會出現視網膜病變；所以第一型糖尿病患者，至少在罹
病五年內，要做第一次的眼底檢查。第二型糖尿病的病
人，在診斷確定的時候，有 20% 的病人已患有視網膜
病變，所以第二型糖尿病的病人在發病時就應該做第一
次的眼科檢查。視網膜病變初期常無症狀，或單眼受影
響，容易忽略，糖尿病或高度近視者應每年（或半年）
檢查一次，越早發現，治療效果越好。

4. 食療提升自癒力

　　遠離辛辣刺激性食物，多吃抗氧化食物來保養眼
睛，包含維生素 C、葉黃素的蔬果，如深綠色的菠菜、
芥蘭菜、花椰菜及柑橘類水果等；適度補充魚油，
魚油含 omega-3 多元不飽和脂肪酸（魚油富含 DHA、
EPA）；能減少眼睛的發炎，加上多攝取維生素 E；糖
尿病視網膜病變最重要是理想的血糖控制，血糖控制不
良，醫師也很難阻止視網膜病變的進行；良好的血壓與
血脂控制也是必須的。

　　根據研究顯示良好的血壓與血脂控制，可有效降低
失明的發生率；所以遵照醫囑、按時服藥、定期眼底檢
查、維持健康的飲食以及適當的運動是很重要的。

（八）玻璃體病變、白內障：眼前出現一片黑

1. 症狀敘述

視力不穩定、視力模糊、複視、畏光、夜間炫光、難以分辨物體明暗對比、色調改變、物體顏色變暗、近視度數逐年大增。

2. 生病原因

白內障是指原本清澈透明的水晶體變混濁，導致光線無法完全穿透而造成視覺模糊，而且是無法以眼鏡矯正的現象，影響到日常生活及工作。

通常又可分為先天性與後天性兩種情形，其中又以後天性的老年人白內障最為常見，老年性白內障可說是銀髮族最常見的疾病，玻璃體病變種類如下：

(1) 老年性白內障：是種自然老化的現象，隨著年齡的增加，40 ～ 50 歲後，水晶體會慢慢發生硬化、混濁而漸漸造成視力的障礙。

(2) 外傷性白內障：車禍、鈍器傷害、尖銳物品的刺傷或穿透性眼內異物傷害到水晶體所引起。

(3) 併發性白內障：因虹彩炎、青光眼、網膜色素病變等引起的白內障。

(4) 先天性白內障：由於遺傳性、染色體變異、胚胎內感染或不明原因所引起，嬰兒瞳孔見白色或灰色的混濁點，可能導致視力發育不良；視力發展差；創傷、工作暴露輻射線，酗酒或糖尿病，極少數先天性白內

障,可能為遺傳或胚胎期感染細菌,例如:母親懷孕時,感染德國麻疹。

(5)代謝性白內障:如糖尿病、甲狀腺疾病等身體新陳代謝異常所引起之白內障。

(6)藥物性白內障:因長期使用類固醇等藥物;當飛蚊症狀加劇,視力模糊、色調改變、怕光、眼前黑點、複視、晶體性近視等,晚期症狀則為視力障礙日深,最後只能在眼前辨別手指或僅剩下光覺視力。出現閃光、視野缺損,感覺一層薄膜或毛玻璃狀物質遮蔽視野、複視、畏光、度數加深,霧裡看花的感覺。

常是急性、無痛性視力喪失的原因,隨年紀增加玻璃體會液化,屬於老化性視力退化階段。水晶體因蛋白質從溶解性,變成不可溶解性蛋白質而造成水晶體混濁,導致視力模糊,近視度數無緣無故加深,看東西影像重疊,九成為老化的結果。

(7)玻璃體混濁:老年玻璃體變性混濁,常見於高度近視、虹膜、視網膜、脈絡膜發炎影響玻璃體,外傷使玻璃體混濁、寄生蟲、糖尿病、高血脂等慢性病影響。

3. 治療建議

已經有飛蚊症狀的白內障患者,應避免劇烈頭部搖晃,儘量不要玩雲霄飛車、高空彈跳,主要是保護視神經。膠質是形成玻璃體的成分,補充膠質可延緩飛蚊症和玻璃體老化的速度;配戴太陽眼鏡減少紫外線曝曬、

避免抽菸，服用抗氧化劑或維生素；白內障屬於眼睛的自然老化現象，因此避免眼睛老化就能延緩白內障發生的時機，甚至降低白內障發生的可能。一般來說避免眼睛日曬、禁煙、攝取深黃或深綠色的蔬果，並適當補充維生素 A、B、C、E、葉黃素，都能產生良好的眼睛保健效果。

當白內障嚴重程度到視力 0.5 以下，無法以眼鏡或隱形眼鏡矯正時，建議讓眼科醫師評估手術的適應症，即可考慮接受手術，如：水晶體乳化術、人工水晶體植入，目前還沒有其他可以治癒白內障的藥物；吸除混濁的水晶體及置入人工水晶體，而進行白內障手術的時機通常是依個人生活需要而定，即視力障礙已影響到日常生活時，就是開刀的時機了。

4. 食療提升自癒力

多攝取富含抗氧化維生素的蔬果、多補充葉黃素和維生素 C [3]，戴太陽眼鏡減少紫外線曝曬，均衡飲食和

---

[3]

* 富含維生素 C 的食物：綠色花椰菜、彩椒、苦瓜；柑橘、莓果、芭樂等。

* 富含蝦紅素的食物對視力的好處：1. 強力抗氧化 2. 防止水晶體吸收紫外線 UV 光 3. 增強睫狀肌能力 4. 加強眼部血液循環：動物性如鮭魚、蝦、蟹、魚卵等等；蔬果以橘紅色的含量較多；富含維生素 E 的食物可以幫助眼睛強力抗氧化、構成細胞膜、防止眼細胞老化；例如：海鮮、蛋類，橄欖油、亞麻仁油、堅果、菠菜、蘆筍和奇異果。

補充膠質可延緩飛蚊症和玻璃體老化的速度的同時，亦可減緩白內障的進行，但無法治癒；維生素 A 與類胡蘿蔔素含量豐富的食物有動物性如：豬肝、深海魚；植物性如：胡蘿蔔、南瓜、韭菜等。富含維生素 C 的食物對視力的好處：1. 強力抗氧化，2. 保護水晶體，3. 製造膠原蛋白，4. 協助製造眼睛黑色素。

5. 小叮嚀

維生素 A 屬於脂溶性維生素，與植物油（如橄欖油，苦茶油）一起攝取食用，更能增加吸收率。

（九）葡萄膜炎

1. 症狀敘述及生病原因

有許多種不同的病因，可由病毒、黴菌或寄生蟲引起，然而多數的病因未明；葡萄膜炎也可能與身體其它部位的疾病相關連（如：關節炎、尿道炎）；此外眼睛受傷後引起的交感性眼炎 [4] 也是一種葡萄膜炎；這是當

4　交感性眼炎是一種罕見的，兩眼急性肉芽腫型葡萄膜炎（granulomatous uveitis），一般發生在單眼穿孔性外傷後，數天至數十年（80% 在受傷後兩週到三個月之間發生，發生率小於 0.5%）。交感性眼炎最早出現在受傷的眼睛（因為已受傷，所以不容易察覺），接著才是正常的那一隻眼睛；症狀最先是飛蚊症及焦距失調，接著發生疼痛、畏光、視力模糊等葡萄膜炎症狀；交感性眼炎還可以併有視神經盤水

一隻眼睛受傷（或接受手術），傷及葡萄膜之後 2 星期到數個月，甚至幾年之間，另一眼發生葡萄膜炎的情形；交感性眼炎的發生率雖然不高，但病程很長且視力預後不良。

2. 建議

葡萄膜炎可能造成青光眼（眼壓升高）、白內障（水晶體混濁）、不正常血管新生、出血等，因此有自體免疫疾病體質（如全身性紅斑性狼瘡、僵直性脊椎炎等），應盡速就醫。

3. 食療提升自癒力

一些對眼睛有益的食物如：枸杞、決明子、菊花茶等，這些食物對葡萄膜炎患者都有好處，我們可以在日常的生活中食用；像菊花茶能清涼解毒，對減少葡萄膜炎復發有一定的好處，建議患者不要吃一些過於滋補的食品，如人蔘、蜂王漿和鹿茸；若口服生物製劑、類固醇（抑制自身的免疫力）超過一個月，建議患者多補充鈣質，因為類固醇可引起鈣質流失、骨質疏鬆。

腫、滲出性視網膜剝離、續發性青光眼、皮膚白斑及睫毛變白等病症，若未能及時治療常可造成雙眼失明的嚴重後果；交感性眼炎是一種自體免疫發炎反應，主要是因為一隻眼睛受傷後，眼睛內的抗原暴露（與眼內的黑色素細胞有關），引起體內的免疫細胞攻擊另一隻好的眼睛。

（十）麥粒腫、霰粒腫（霰唸做ㄒㄧㄢˋ）：針眼

1. 症狀敘述

眼屎多，紅眼，眼皮紅腫且壓痛；因發炎部位分為外麥粒腫和內麥粒腫[5]。

（1）外麥粒腫：急性睫毛的毛囊皮脂腺感染、發炎。

（2）內麥粒腫：急性眼瞼內部分泌脂質的腺體感染。

2. 生病原因

麥粒腫又稱針眼，眼瞼邊緣充滿著各種腺體的開口，如麥氏腺、皮脂腺、汗腺以及睫毛毛囊，因此一旦眼瞼慢性發炎，則上述腺體之開口勢必連帶遭殃，無法正常排泄分泌物，而分泌物富含脂肪酸，細菌容易滋生，便造成急性發炎反應紅腫熱痛，是眼瞼下皮脂腺感染導致眼瞼邊緣出現紅腫，常見原因為金黃色葡萄球菌感染。

當眼瞼內麥氏腺感染或阻塞時，眼睛即會感覺異物感，雖然不治療也會在數日內恢復，但使用抗生素眼藥膏似乎可減少併發症（蜂窩性組織炎）的機率。麥粒腫

---

5 我們的眼皮底下有 3 種腺體，分別是蔡氏腺、麥氏腺和莫氏腺，這些腺體會分泌出一種脂質分泌物，用來阻止淚液的蒸發。霰粒腫（霰唸做ㄒㄧㄢˋ）：慢性發炎引起之無痛性腫塊，發生部位距離眼瞼緣較遠，產生小腫塊由眼皮可以摸到，或將眼皮翻過來時，眼瞼的結膜上可以看到腫塊。

是出現在眼瞼的膿皰，產生原因是眼睛毛囊或腺體受到急性細菌感染或發炎，在正常的狀況下，這些腺體的排泄功能皆正常，細菌不會在裡面繁殖。

不過眼睛總是暴露在外，接觸到空氣中許多的灰塵、病菌或毒物，再加上有時我們會用手揉眼睛、不小心使用到不乾淨的毛巾，或者是在眼部不當使用化妝品等化學物質，致使細菌很容易沿著瞼板腺導管開口或睫毛毛囊根部入侵，特別是金黃色葡萄球菌，因此造成急性化膿性感染的麥粒腫。

有些和體質有關（皮脂腺分泌較旺盛），容易皮脂腺阻塞。當眼睛過於疲勞（睡眠不足等），眼球內的肌肉會無法放鬆，造成麥氏腺阻塞不通，有部分病人全身之皮脂腺功能不正常，常伴有脂漏性皮膚炎合併酒渣鼻，其眼瞼因過多的油脂凝集導致腺管阻塞，若無細菌感染，則只會產生霰粒腫，若被細菌侵入則產生化膿性麥粒腫。

3. 預防與治療建議

平日睡眠充足，作息正常；飲食清淡，均衡攝取營養，多吃蔬果、補充水分；忌油炸、辛辣等刺激性食物；不要用手搓揉眼睛；除了抗生素作局部或合併口服治療，在急性期過後且已化膿，可採取切開引流，加速消腫，不得已揉眼睛也要注意手部衛生；對某些食物會過敏的體質，也會因吃了食物中的過敏原而導致麥氏腺發

炎，絕非是因為偷看別人洗澡或如廁才長針眼的。

4. 食療提升自癒力

減少吃油炸、辛辣食物，多攝取蔬菜水果，補充足夠水分，充足的睡眠；麥粒腫患者應以清淡、易於消化吸收之食物為主，如：胡蘿蔔、山藥、綠色蔬菜、蘋果、梨子等；如果麥粒腫患者局部表現為紅、腫、熱、痛以及口苦咽乾等症狀，呈熱毒旺盛的症狀，應該適當地食用清熱解毒的食物，如：西瓜、柚子、黃瓜、苦瓜、綠豆、菊花茶等。

5. 小叮嚀

眼瞼皮脂腺的急性發炎，致病菌為葡萄球菌。因發炎部位不同可分為外麥粒腫（睫毛根部皮脂腺）和內麥粒腫（瞼板腺）；如果吃了太多高油脂食物、堅果類，再加上睡眠品質不良、疲勞，使皮脂腺不暢通，就容易長針眼。

有些則是與體質有關，皮脂腺分泌較為旺盛，容易阻塞；如果平常會畫眼妝，卸妝一定要乾淨，注意眼部清潔，長針眼期間最好不要上妝。

長針眼初期感覺會紅腫痛，可以熱敷減輕症狀；會反覆地長針眼者，也可以熱敷來預防；太過疲勞或睡眠不足，以致於身體對細菌的抵抗力下降，可能會增加麥粒腫發作的機會；當眼睛過於疲勞時，眼睛肌肉收縮無法放鬆，麥氏腺的阻塞不通形成發炎，造成麥粒腫。少

數對某些食物如：海鮮或巧克力等有過敏體質的人，吃了這些食物之後也可能導致麥氏腺發炎，因而出現麥粒腫。

（十一）結膜下出血

1. 症狀敘述

眼睛輕微刺痛，眼白部位充滿血絲。

2. 生病原因

結膜位於眼球的前方，從角膜的邊緣開始，一直到眼瞼內緣，以三百六十度的方式將眼球的前表面與眼皮隔離；當眼皮上下眨動時，提供了無阻礙的潤滑表面，位於其下的微血管則負責眼球前部的營養。

當微血管破裂時，滲出的血液就被局限在結膜與眼球之間，造成急性紅眼；好發族群包括：控制不良的高血壓或糖尿病患；咳嗽厲害或閉氣用力（如：便祕、搬重物）。

絕大部分結膜下出血的病人沒有特定致病原因或全身性疾病；病人可能曾經有劇烈咳嗽、嘔吐、用力搓揉眼睛、搬重物、用力解便等情形。但若是反復發生的結膜下出血，則可能與其他全身性疾病相關，如：高血壓、高血脂、糖尿病、冠狀動脈心臟病或是血液方面的疾病，病人因為血管比較脆弱，容易造成眼睛的血管破裂

出血。

　　結膜下出血是眼睛結膜下的微血管叢破裂；由於結膜下出血的位置在眼球的表面，很容易發現，其臨床表徵就是在眼白的位置突然出現一片血紅，讓人怵目驚心。一般沒有什麼症狀，發生時病患通常毫無知覺，僅少數會感到一陣輕微的刺痛，之後才發現眼白部分一片血紅，但視力不會因此受影響；一般而言結膜下出血並不需要治療，它會在兩週內自行吸收，不會留下任何後遺症；可以考慮局部冰敷，緩解不適，但如果結膜下出血反覆發作，則要考慮是否有高血壓、糖尿病及血液等疾病；另外如果合併眼球外傷的結膜下出血，要特別小心，必須詳細檢查，排除鞏膜裂傷或眼球鈍挫傷的合併症。

3. 預防與治療建議

　　球類運動或是從事身體接觸型的運動，避免眼球意外碰撞；此外劇烈咳嗽、嘔吐、避免用力搓揉眼睛；若便祕應多吃蔬菜水果，或服用軟便劑（氧化鎂等）；控制血壓及血糖。

4. 治療方式

　　一般結膜下出血並不需要做特別的治療，通常會在兩週內自行吸收，在吸收的過程中，血塊會散開來，顏色也會由血紅色轉為黃棕色，最後慢慢消失。平常若有配戴隱形眼鏡的患者，應暫時先不要配戴隱形眼鏡。

■ 二、聞香不香──鼻子怎麼了

（一）鼻中膈彎曲、肥厚性鼻甲症狀：鼻塞、耳鳴、頭痛、流鼻血

1. 可能合併的症狀

慢性鼻炎、流鼻水、先天過敏性鼻炎、經常鼻水倒流、流鼻血：鼻道狹窄處空氣會使鼻黏膜乾燥[6]、慢性鼻竇炎：感染和發炎（鼻甲肥厚塞住呼吸道；鼻竇分泌的膿排不出去）、頭痛；三叉神經被壓迫，大腦會誤判為頭痛、反覆咽喉炎：若鼻塞經常用口呼吸，喉嚨會因為乾燥發炎。

2. 生病原因

單側或雙側鼻塞、面部疼痛、流鼻血、夜眠時打鼾、固定單側的睡眠姿勢；長期將導致口乾、喉嚨乾燥、異物感、睡眠紊亂、鼻因性頭痛、鼻竇炎、咽喉炎；鼻甲與鼻中膈都是鼻腔中的軟骨，如：外傷或生長等因素使鼻中膈（軟骨）和鼻骨（硬骨）互相擠壓，鼻中膈錯位、鼻甲偏移、增生、肥厚；鼻部慢性發炎或是過敏性鼻炎的患者，下鼻甲的黏膜常變得相當肥厚，造成嚴重的鼻塞；有可能齒位也需要一併矯正；大多數病人指的是下

6　手術治療時機：在藥物治療無效時才考慮手術治療，手術可能為其第一線治療方式；目前主流手術方式為鼻中膈成形術，手術通常只需局部麻醉即可進行。

鼻甲的鼻黏膜,因長時間反覆慢性發炎,也可能鼻過敏造成下鼻甲肥厚,即所謂的「肥厚性鼻炎」;而非長出息肉。

　　一般門診使用抗組織胺、緩解充血藥物,消腫劑、類固醇鼻噴劑、抗組織胺;避免外傷後鼻樑變形、少挖鼻孔,若鼻甲、鼻中膈症狀影響日常生活時就需要評估手術;手術主要是將過度彎曲凸出的軟骨切除,減輕症狀(減少黏膜腫脹、減少中膈軟骨摩擦,血管收縮),如要根治只能透過鼻科手術。

3. 鼻出血建議 [7]

　　八成的流鼻血症狀可以在診所處理,最常見的原因還是挖鼻孔,常發生於鼻中膈前半部(前庭),通常用衛生紙加壓止血法,後鼻部流血較為複雜而且止血困難,最重要還是維持生命徵象,採直立坐姿、頭部前傾或冰敷袋局部冰敷,使血流速度降低再求助醫師。

4. 流鼻血常見原因

　　(1)醫源性:進行鼻中膈手術、鼻內整型、鼻腔、

7　流鼻血、全身慢性疾病因素:血友病,後天凝血功能異常,血液中血小板減少,凝血因子減少,肝硬化、腎衰竭、已經在洗腎的病人,高血壓、血壓控制不良。酒精攝取:酒精抑制血小板的活性(血管擴張),同時也止血困難。使用藥物aspirin和許多抗凝血劑和NSAID(非固醇類抗發炎藥物)藥物會干擾血小板的凝結反應,導致出血不止,此外一些保健中草藥如:銀杏、當歸也會導致出血。

鼻竇或眼眶手術後兩個星期內。

(2) 挖鼻孔：常見於兒童，出血相當輕微，且集中在鼻中膈前半部，以手指壓迫法止血。

(3) 鼻黏膜乾燥：鼻中膈彎曲、使用鼻噴劑、氣候（室內空調過於乾燥）等。鼻噴劑成分如：類固醇、抗組織胺，若長期使用易導致微血管破裂；此外乾冷的冬季，乾空氣也會使易感受族群增加，可適度增加鼻黏膜濕度。

(4) 感染（發炎）或過敏：急性上呼吸道感染（感冒）、過敏性鼻炎、慢性鼻竇炎，均為鼻黏膜發炎或受到刺激所致。

（二）慢性鼻竇炎：鼻塞、膿鼻涕、頭痛、頭暈、記憶力衰退

1. 症狀敘述

頭痛、鼻塞、發燒、流黃鼻涕、鼻塞、耳悶塞感、聽力受損（重聽）、流鼻涕、打噴嚏、咳嗽、鼻涕倒流、濃鼻涕、鼻塞以及臉部疼痛。其他症狀包含嗅覺減退、喉嚨痛。咳嗽會於夜間加劇；嚴重副作用較為罕見。臨床上將病程四週以下的鼻竇炎稱作急性鼻竇炎，延續12 週以上則稱為慢性鼻竇炎。

2. 生病原因

　　任何發炎、感染、煙霧、灰塵或過敏原刺激鼻腔，引起鼻黏膜腫脹及鼻竇的開口阻塞，造成分泌物的滯留且細菌會在鼻竇黏液中生長繁殖，引發鼻竇發炎及感染；鼻竇炎最常見的原因就是感冒、過敏性鼻炎、慢性鼻竇炎。過敏性鼻炎大多是身體先天容易發炎的狀態，即過敏體質，季節交替或是天氣轉換如低溫、空氣污染等也會引起不停流鼻水、打噴嚏、鼻塞，嚴重影響生活作息和工作求學。

　　鼻竇是頭部充滿空氣的空腔，共有四對，分別是額竇、篩竇、上頜竇及蝶竇，具有產生聲音共鳴、換氣及減輕頭部重量等功用；鼻竇炎則是指空腔中的黏膜腫脹及發炎，阻塞鼻竇的開口，因此感染而蓄積膿液，就出現鼻竇炎；鼻竇炎發生的原因很多如：過敏性鼻炎、蛀牙、吸入黴菌孢子等，或者是鼻中膈彎曲、鼻甲肥大等結構性問題，都可能引起鼻竇炎；最常引發鼻竇炎的原因是感冒。

　　鼻竇與眼睛、腦部相鄰，鼻竇發炎若未得到妥善的治療，細菌、黴菌感染可能就會侵蝕眼眶，導致蜂窩性組織炎或眼窩膿瘍；若有流黃鼻涕、眼部紅腫的狀況，應立即就醫，判別是否為鼻竇炎；如果沒有及時處理，細菌可能會進一步侵入腦部，造成腦膜炎和腦膿瘍。

　　鼻竇炎引起的疼痛，多半是悶痛、脹痛；與神經抽痛、刺痛的感覺不同。除原發部位如額頭、臉頰、眼眶周圍，痛覺也可能轉移到牙齒、頭部側邊、頭頂與後腦

构，易被誤診為偏頭痛，需要仔細觀察；慢性鼻炎再加上感染病毒、細菌，可能引發鼻竇炎、中耳炎等。鼻腔由許多稱為「竇」的空間連接而成，主要是共鳴和平衡壓力，但是長期鼻涕倒流，細菌在鼻竇過度繁殖，引發感染，容易在耳、鼻、喉內流通散布，稱為急（慢）性鼻竇炎、中耳炎、外耳炎、扁桃腺炎等上呼吸道疾病，嚴重時需要手術，輕則服用完整療程的抗生素。

3. 治療建議

天氣變化時慢性鼻炎的病患會增多；慢性鼻炎分為過敏性鼻炎和血管運動型鼻炎，過敏性鼻炎的過敏原有塵蟎、寵物皮毛、棉絮等；血管運動性鼻炎沒有明確過敏原，只要溫差過大就可能發作；兩者都有鼻塞、流鼻水和打噴嚏等症狀。

鼻炎反覆發作或治療不完全，就容易變成慢性鼻炎；如：鼻竇炎、扁桃腺發炎、鼻中膈彎曲等鄰近部位慢性發炎，也會因長期刺激而引發慢性鼻炎。長期使用血管收縮的鼻噴劑，也有可能會造成慢性鼻炎。

其他像是服用心臟、血壓等慢性全身性疾病的藥物，可能會引起鼻腔血管擴張，造成慢性鼻炎。長期吸入粉塵或是有害氣體，均有可能導致此病；推薦改善方法：1.用生理食鹽水清洗鼻子，使用洗鼻器把食鹽水噴入鼻中清洗，一天2～4次；2.局部類固醇噴劑（有效的消炎）。3.局部擬交感神經製劑（鼻黏膜充血緩和收

斂劑）可使充血的鼻黏膜收縮，進而促使鼻竇引流功能恢復。4. 止痛劑及消腫藥物（十二歲以下兒童不要使用阿斯匹靈）。5. 抗組織胺使鼻腔血管收縮，降低分泌物黏稠度。

4. 有助改善鼻竇炎發生的策略

戒菸、戒酒、營養均衡，如：缺乏維生素 A、C；內分泌失調、孕期後半段、青春期，鼻黏膜較常發生充血、腫脹，也較容易引發慢性鼻炎；養成規律運動習慣；勿長期使用滴鼻劑，以免鼻腔血管反覆收縮加劇鼻塞，多補充水分，喝熱飲可提供部分舒解；保持空氣潮濕可預防鼻腔及鼻竇乾燥；可使用濕氣機，吸入溫熱蒸氣，有助鼻竇通暢及減輕症狀（亦可利用熱水浴、或放溫濕的毛巾在鼻子上），不可過於用力擤鼻涕，一次擤一邊可防止內耳形成壓力，使細菌跑到更深的地方；避免吸菸或在有人吸菸的地方，遠離髒空氣、灰塵多的地方。

（三）過敏性鼻炎

1. 症狀敘述

 打噴嚏、眼睛癢、耳朵癢、鼻塞、流鼻涕、鼻涕倒流、頭暈、黑眼圈。

2. 生病原因

過敏性鼻炎是因為體質或環境出現過敏原所誘發，

患者的鼻黏膜只要接觸到過敏原，就會引發一連串症狀；過敏性鼻炎又分為季節性和常年性兩類。季節性過敏性鼻炎，主要是花粉引發；常年性過敏性鼻炎，以室內塵蟎、細菌，戶外空汙引發為主；台灣常見的過敏性鼻炎，以常年性居多；過敏性鼻炎常發生於季節變換之際，除空氣中的懸浮微粒、聞到刺鼻氣味，或受到細菌、病毒感染也容易發作。罹病原因與飲食、生活壓力、環境因素有關，但最關鍵的可能還是遺傳因子。若父母一方為過敏性鼻炎患者，小孩患病的機率有 20%；若父母都有過敏性鼻炎，小孩患病機率高達 75%。

3. 預防與治療建議

維持居家環境清潔、乾燥，少用地毯，窗簾、寢具要經常換洗、避免食用引起過敏及刺激性食物，少喝冰飲；睡眠充足、注意保暖，及適度運動、外出最好配戴口罩，避免過敏原。

（四）睡眠呼吸中止症

1. 症狀敘述

打呼，打鼾，嗜睡，白天精神不濟。

2. 生病原因

周邊型睡眠呼吸中止症的主因是肥胖，其次是舌根肥大、咽喉狹窄；常見肥胖男性、更年期女性；頸圍較

粗或先天顱顏異常者。男性罹患睡眠呼吸中止症的機率是女性的 2 ～ 8 倍，但當女性更年期之後，罹患的機率與男性相當；40 歲之後機率會提高，50 ～ 60 歲為高峰期。40 歲以上的肥胖男子是睡眠呼吸中止症的高危險群，頸圍越粗，罹患機率越高；睡眠呼吸中止症是指在睡眠當中，上呼吸道重複地發生阻塞，使口鼻的呼吸氣流減少或停止 10 秒鐘以上，有時會缺氧或在睡夢中驚醒；睡覺期間平均一小時發生大於 5 次以上呼吸中止或淺呼吸情形，每次超過 10 秒鐘，可稱之為呼吸中止症；若一個小時中止 5 ～ 10 次為輕度、15 ～ 30 次為中度，30 次以上則為重度睡眠呼吸中止症 [8]；睡眠呼吸中止症並非專屬中年男性的疾病；孩童也可能罹患睡眠呼吸中止症，有別於成人以肥胖為主因，造成兒童睡眠呼吸中止症常見的原因為先天顱顏異常、扁桃腺肥大或腺樣體肥大。孩童在家中睡覺時若嚴重打鼾，白天卻精神無法集中，也要特別注意。

8　呼吸中止症會增加哪些疾病的危險：因呼吸中止關係，睡眠品質不良與腦部短暫缺氧情形，容易造成白天易精神狀態不佳、高血壓、心肌梗塞、中風、憂鬱症、社交障礙。睡眠品質不佳會影響內分泌系統，導致身體產生胰島素抗性，這讓罹患糖尿病的機率增加也使原本就是糖尿病病患疾病控制不佳；近期研究指出，患有呼吸中止症的懷孕婦女易有高血壓，且產下早產兒的機率增高；另一項研究指出，患有阻塞型呼吸中止症的老年患者，罹患阿茲海默症的機率大幅提高，在患者的體內檢驗出高濃度的 β 類澱粉蛋白，而此樣物質若濃度過高易沉澱而引起阿茲海默症。

3. 呼吸中止症的分類

（1）中樞型呼吸中止症：大腦內的呼吸中樞曾經受過創傷或疾病的關係造成呼吸中樞下達不正確的指令，使得睡眠時呼吸型態不正常。

（2）阻塞型呼吸中止症：喉嚨周圍的軟組織因老化或其他因素肌肉支撐力不夠，造成睡眠時呼吸道的塌陷、狹窄。過度肥胖、脖子粗短、先天短下巴、扁桃腺與懸壅垂過大也會造成呼吸道狹窄。

（3）混合型呼吸中止症：綜合上述中樞型呼吸中止症與阻塞型呼吸中止症。

4. 預防與治療建議

養成運動習慣，避免肥胖；如果輪夜班的人，臥室使用深色厚的窗簾阻絕光線，有助入睡；此外側睡睡姿，較不會引起呼吸道阻塞。睡前避免喝酒及服用安眠藥。

三、咳一聲嚇死人—喉嚨問題別輕忽

（一）胃食道逆流（咽喉逆流）、聲帶受損：喉嚨痛、異物感、聲音沙啞 [9]

1. 症狀敘述

喉嚨痛、鼻竇炎、喉嚨有異物感、心口灼熱、吞嚥困難、夜間慢性咳嗽、聲音沙啞、氣喘、腹痛、易飽足感、逆流性喉炎、聲帶結節、喉嚨狹窄、痙攣、非心因性胸痛、牙齒琺瑯質喪失，由於症狀不是很典型更需考慮其他疾病，加以排除。

避免漏掉食道逆流的診斷，聲音沙啞是生活中常見的症狀，聲帶屬於喉嚨的一部分，負責發聲，聲帶結節俗稱聲帶長繭，是一種常見的良性疾病，常見原因有發音不正確（嗓音誤用），如工作需要長時間說話的教職人員、聲樂家等，聲帶其實可以透過休息和保養，自己復原，如控制聲音使用的時間、音量大小、適當補充水分，戒菸，戒酒和避免辛辣食物等；聲帶息肉通常發生於單側，吞嚥時有異物感，常見原因為大聲唱歌、吸菸、胃食道逆流；聲帶囊腫，也是單側發生，良性居多，常

9　聲音沙啞可能是全身性疾病的一種症狀，也可能聲帶局部病變：1. 急性聲帶炎、2. 慢性聲帶炎、3. 聲帶長繭（結節）、4. 聲帶萎縮、5. 聲帶肉芽組織增生（肉芽腫）、6. 聲帶息肉、7. 聲帶麻痺、8. 聲帶水腫、9. 聲帶腫瘤。

見症狀除聲音沙啞、低沉外，吞嚥時也會有異物感，此外聲帶水腫是一種息肉狀慢性聲帶發炎，原因和吸菸、吼叫、胃食道逆流、嗓音濫用、甲狀腺功能低下等有關。

2. 生病原因

胃食道逆流發生大多與下食道括約肌鬆弛有關，大多數患者胃酸分泌速度正常，典型胃食道逆流，至少胃部內容物逆流導致症狀，每週至少 2 天以上，或 24 小時食道 PH 儀檢驗陽性，逆流液體包括多種幫助消化的酵素（酶）；胃酸、膽酸等長期下來會灼傷食道，造成糜爛性食道炎、潰瘍、食道組織上皮化生癌化、狹窄等，也有可能胃酸分泌過多或胃排空減緩，胃裂孔疝氣（胃突出橫膈膜壓迫胸腔）；檢查：24 小時食道酸鹼值監測，食道動力學檢查、內視鏡或切片檢查、食道鋇劑攝影。

3. 建議

胸痛需要和心臟病鑑別診斷，酗酒者食道靜脈曲張，容易慢性貧血、腸胃出血，應避免吸菸、飲酒、熱湯等刺激性食物，若有下述情況應至大醫院就診：體重快速減輕（一個月內下降 5%）、吞嚥困難、出現貧血症狀（如頭暈、臉色蒼白等）、吐血或血便（黑色），可能是嚴重潰瘍或腫瘤，應至肝膽腸胃科進行胃鏡檢查。經常慢性咳嗽、內因性氣喘的人可發現胃食道逆流，除了枕頭墊高，睡前 2 小時不要進食（可以喝水），大吼大叫或清喉嚨其實最傷聲帶，沙啞的治療可分為藥

物、復健和手術。

4. 食療提升自癒力

建議可以多攝取菠菜、高麗菜、甜椒、秋葵、黑木耳、黃瓜、蘿蔔、大白菜。

（二）慢性反覆性扁桃腺發炎：喉嚨痛、類似流感症狀、頸部可見性的腫大

1. 症狀敘述

發燒、喉嚨痛、食欲不振、咳嗽、流鼻水扁桃腺腫大、顎扁桃腺腫大、畏寒、頭痛等，或是一般感冒症狀：流鼻水、打噴嚏、鼻塞、喉嚨痛、腹瀉、咳嗽，但任何年齡的人都有可能被感染，扁桃腺炎最常發生於學齡孩童，與感冒症狀不同、可能由病毒或細菌引起，症狀包括：喉嚨痛、扁桃腺紅腫、扁桃腺出現白斑、吞嚥困難且很痛、喉嚨疼痛、頭痛、發燒、淋巴腫脹、聲音沙啞。

症狀：其與流感不同，流感會高燒不退、肌肉痠痛，而且有群聚性，若同事或家人已經確定診斷流行性感冒，請記得告知醫師；讓診療醫師得以先排除流感、血液腫瘤疾病、感染性心內膜炎、中耳炎、肺炎等。

2. 生病原因

扁桃腺炎是指扁桃腺及其淋巴組織被病菌或病毒入侵後，產生發炎的症狀，可分成急性扁桃腺炎與慢性扁

桃腺炎；類似流行性感冒，有上呼吸道症狀、發燒、倦怠，但經過快篩試劑顯示陰性；其表現與流行性感冒的肌肉痠痛、頭痛、高燒相似，致病原包括：腺病毒、鼻病毒、諾羅病毒、呼吸道細胞融合病毒等數百種病原；扁桃腺炎的潛伏期為 1 ～ 7 天，好發於冬春兩季；造成扁桃腺炎的病因，約 70% 是病毒感染，例如：鼻病毒、冠狀病毒、腺病毒、流行性感冒病毒、副流行性感冒病毒、腸病毒、EB 病毒等。少數是細菌感染引起，常見的細菌感染是 A 群溶血性鏈球菌，肺炎雙球菌、葡萄球菌等。

扁桃腺炎又分為急性與慢性扁桃腺炎，急性扁桃腺炎好發於兒童及年輕人，通常在感冒後發生，大多數為病毒感染。可能有發燒、喉嚨痛、食慾不振、咳嗽、流鼻水，更甚者有耳痛、淋巴結腫痛的症狀；慢性扁桃腺炎則為細菌感染，或是急性扁桃腺炎反覆發作所致，症狀有可能比慢性扁桃腺炎輕微。

3. 治療建議

補充水分：由於喉嚨痛，造成進食、喝水困難，但充足的水分對於身體的恢復是很重要的，建議可以搭配喉嚨止痛噴劑（亦含殺菌成分），趁噴藥後喉嚨較舒服時補充水分，保持口腔清潔。

許多扁桃腺周圍膿瘍是因為口腔內的細菌感染造成，所以感染時應頻繁漱口，尤其是進食後；建議用煮

沸過的開水漱口即可，也可以使用含有類似優碘成分的漱口水，含有酒精成分的漱口水可能會刺激傷口和黏膜造成不適。避免刺激性食物：醫師常會說少吃油膩、辛辣的食物，其實喉嚨痛起來，一般固體食物難以下嚥，應該先補充流質食物。所以若有胃口，冰淇淋、飲料、布丁等清涼的食物，也可以考慮；另外免疫力低下的民眾，每年十月可以接種流感疫苗，連假盡可能不前往人潮眾多且密閉的環境，若已經感冒則不要勉強出門，症狀緩解的藥物只是配角，多休息才能讓免疫力得以恢復，因為康復最重要的，還是自身的免疫能力。

4. 食療提升自癒力

深綠葉蔬菜、十字花科蔬菜（高麗菜、花椰菜等）、富含 Omega-3、EPA、DHA 如：鮭魚，堅果、種子（南瓜子等）、未精緻加工的油（初榨橄欖油）、草本植物、香料（薑黃、蜂蜜、老薑、蔥和蒜）。

5. 小叮嚀

每日至少須攝取 2 公升的水分、飲食營養均衡、清淡，少吃辛辣及刺激性食物、每日睡眠充足，提升身體免疫力。

（三）急性會厭炎：喉嚨痛、發燒、頸部淋巴腫大、呼吸困難

1. 症狀敘述

發燒，咽喉疼痛呈進行性加重，吞咽時疼痛加劇、吞咽困難，口涎外流，拒食；發音含糊，多有咽喉阻塞感。呼吸困難，若病情繼續惡化，可因腫脹黏膜墜入聲門，嵌塞而窒息、昏厥休克；患者可在短時間內出現昏厥或休克，表現為呼吸困難、四肢發冷、面色蒼白、血壓下降等。頸淋巴結腫大、喉嚨痛、吞嚥疼痛的症狀，此外還可能出現口水難以吞下、發燒、聲音沙啞、呼吸喘等，較嚴重的會厭炎[10]會進展快速，幾個小時內就造成呼吸道阻塞影響呼吸。

2. 生病原因

食物由口腔咽喉後下方，經咽喉部進入食道至胃部；空氣則從鼻腔吸入，通過咽喉部進入氣管到肺，人體中淋巴和血管一樣遍布全身，它負責人體遭受感染時的免疫反應，而淋巴結正是淋巴器官中最早出現徵象的，小從感染病毒，大至自體免疫疾病（全身性紅斑性狼瘡）及良性增生、白血病（血癌）、淋巴瘤、其他固體腫瘤（肝癌、乳癌、胃癌、肺癌）轉移；淋巴結都會腫大、按壓會痛，淋巴在人體位於頸部、鎖骨上、腋下、

---

10 會厭是舌根後方帽舌狀的結構，由軟骨作基礎，披上黏膜，是咽喉的指揮系統，人的咽喉是食物和空氣的必經之路。

鼠蹊等。

淋巴結遍布全身，用以過濾微生物，淋巴組織腫大原因是淋巴球或網狀內皮增生，淋巴結外細胞浸潤，淋巴結腫大：一般人常與脂肪瘤、甲狀腺副甲狀腺腫大、腮腺、扁桃腺腫大混淆；感染是最常見的病因，身體抵抗力降低，喉部創傷、年老體弱者容易感染細菌而發病，創傷、異物、刺激性食物、有害氣體、放射線損傷等都可引起聲門上黏膜的炎性病變；鄰近組織感染，如急性扁桃體炎、咽炎、口腔炎、鼻炎及鼻寶炎等蔓延而侵及聲門上黏膜；亦可繼發於急性傳染病後，全身性發炎反應引起會厭部位的黏膜及會厭壁的水腫。

(1) 全身性：傳染病（急性、慢性）、癌症、免疫疾病、代謝疾病。

(2) 局部性：以局部感染最多、細菌、病毒、寄生蟲。

(3) 原因不明：較少見，可能是接觸寵物鳥、貓、野生動物抓、咬傷；應盡速就醫，嘗試使用抗生素治療。

3. 治療建議

若是局部淋巴腫脹應盡速就醫；控制感染，以廣效性抗生素肌肉注射或靜脈滴注，給藥的時機如：嚴重腫脹伴有呼吸困難，應同時加用腎上腺素靜脈滴注，以減輕會厭水腫，局部給予腎上腺素霧化吸入，以促進炎症消退；有膿腫形成者，可在喉鏡下切開排膿。

（四）聲帶結節、長繭：吞嚥困難、說話聲音嘶啞、咽喉異物感

1. 症狀敘述與生病原因

聲帶的構造是由肌肉、結締（軟）組織和黏膜上皮所組成，可以根據結構將聲帶細分成許多層，完整的發音過程除了聲帶產生基本的音調外，也要仰賴人體的上呼吸道來進行共鳴、構音、咬字等；然而喉頭由硬骨、軟骨和黏膜組織構成，位於氣管的上端，主要的功能包括呼吸、吞嚥和發聲。

造成聲帶長繭有哪些常見的原因？正常說話時聲帶會向中央靠攏，空氣由肺部呼出時，聲帶振動而產生聲音。但是當聲帶長繭（結節）造成腫脹時，會阻止聲帶靠在一起，聲音聽起來會有氣音，造成音質、音調改變，聲音也隨之沙啞[11]；如同手掌長期不斷的擦摩，造成表

11　聲音沙啞在喉癌的病人身上，最常發生於真聲帶，容易影響發音和音聲，而下咽癌患者侵犯喉部時也會有聲音沙啞現象；咽喉有異物的感覺，特別是下咽癌時常會出現咽喉，單側感覺異常；喉嚨痛—吞嚥困難或疼痛久而不癒；血痰也是咽喉癌的症狀，咽喉表皮潰瘍出血時痰中會出現血絲；下咽腫瘤持續變大時，阻礙食物通過會出現吞嚥困難；喉部腫瘤太大時呼吸道阻塞會造成呼吸困難；頸部的淋巴結腫大發生於癌症經由淋巴轉移時；吸菸、酗酒、嚼食檳榔與喉癌的發生率高度相關；此外喜歡經常吃辛辣食物和喝熱湯，也容易導致咽喉的黏膜組織傷害；因此應戒菸、戒

皮增厚（長繭），聲帶也會因長期使用或是發聲習慣不當，聲帶局部變厚、長繭。

在喉嚨的內視鏡底下，通常可以見到結節或是瘜肉；通常除了聲音沙啞的症狀外，還會有喉嚨卡痰的感覺，說話發聲變吃力，甚至會喘，或頸部肌肉僵硬；造成聲音沙啞常見原因有：聲帶長繭、瘜肉和囊腫（以上是良性聲帶疾病），與不當或過度使用聲音有關係，通常發生在老師這個職業。

2. 治療建議

聲帶結節（俗稱聲帶長繭）是一種常見的聲帶良性疾病，而聲帶結節常常和嗓音濫用（吼叫）或嗓音誤用（唱歌使用假音）有關係；另一方面咽喉癌症[12] 接受全

酒、戒檳榔，且通常會伴隨體重減輕，食慾不振。

12　台灣每年約有 500 人新診斷罹患喉癌，發病率占全身的癌症的 5%；好發年齡為 39 ～ 62 歲；其中以男性占多數；造成喉癌最主要的原因是抽菸、喝酒、吃檳榔，此外經常曝露於特定致癌物質的環境，也可能引起這種癌症；但是喉癌是一種可以早期發現，早期治療的癌症。通常第一、二期的喉癌，不但可能治癒，而且絕大部分病人仍可保留喉部的每項功能；早期症狀包含：聲音有持續性的嘶啞，呼吸困難、吞嚥困難及疼痛（癌細胞侵犯食道），腫瘤侵犯舌根或咽喉組織，疼痛可放射到同側的耳朵部位；如果摸到頸部腫塊，要懷疑是癌細胞擴散到頸部的淋巴結所致，咽喉癌和聲門上的癌症，因為這裡的淋巴組織豐富，比較

喉切除的病患 [13]，常因為害怕失去聲帶不能說話而拒絕開刀，延誤病情，喪失治療的機會。

3. 食療提升自癒力

飲食上需注意食物溫度，少吃辛辣、油炸、油煎、燒烤等刺激性食物，且避免已經發霉的花生、豆類（含有黃麴毒素）等。減少高溫煙燻、醃製的食物如：煙燻鹹魚、醃醬菜等，因為其含有亞硝酸鹽為強烈致癌物，攝取過量會增加致癌風險。多攝取當地當季的水果和新鮮蔬菜及未加工的穀類，其含有豐富的多種微量元素如：維生素 A、維生素 C 及 β- 胡蘿蔔素、葉酸等，不但能降低喉癌的發生，還能降低其他多種代謝性疾病的危險。從飲食方面著手防癌，每日攝取半斤蔬菜及 2 個拳頭大的水果；主食以稀飯、煮爛之麥片、紅豆或綠豆、蓮子等也被認為有預防癌症功效。

（五）甲狀腺亢進：發燒、怕冷、倦怠

容易順著頸部的淋巴轉移出去，而聲門下癌較少見；痰液帶血可能是感染肺結核，也可能是咽喉的癌細胞侵犯造成黏膜糜爛，分泌物因此會有血絲。

13　由於手術方式改進已克服術後不能說話的問題，只要接受語言治療師指導，都可以流利的重新開始說話，一般的方法有利用各種不同方式，將空氣注入食道上方，空氣排出時經過食道與咽部，引起這部位的肌肉收縮，振動黏膜及空氣柱，發出低沉的聲音，這個聲音就叫食道聲。

1. 症狀敘述

突眼、有異物感、視力模糊、甲狀腺結節、食欲增加、體重減輕、腹瀉、噁心、自發性手（發）抖、冒汗（多汗）、怕熱、高血壓、心跳加快、心悸（心律不整）、失眠、易怒、（女性）經期紊亂、不孕、脖子看得到或摸到結節、雙側或單側下肢脛前黏液水腫。

2. 生病原因

甲狀腺是身體的代謝器官，位於脖子前方，氣管前的一個蝴蝶狀器官，分泌甲狀腺素，調節身體各種代謝。所以甲狀腺亢進或低下都會造成甲狀腺增生，可觸診摸到脖子肥厚、突出或有明顯不對稱的結節。

成人因開刀、甲狀腺發炎或發生機能亢進，造成甲狀腺突出或有硬塊，稱作結節。早期台灣人因為缺碘，所以有大脖子特徵，現在很少見。若是摸到非正常突出、鈣化，女性週期性腫塊，需要注意是頸部的淋巴結腫大？還是甲狀腺腫大？

甲狀腺荷爾蒙過度分泌，會造成身體內分泌失調，如：代謝速度加快，長期處於亢進狀態，心悸、心跳過快會導致心臟衰竭、手抖、體重減輕、四肢無力、怕熱、緊張易怒、突眼。若是甲狀腺功能低下則會出現：體重上升、便祕、皮膚變乾、怕冷、月經週期改變、情緒低落等。

3. 治療建議

醫師觸診脖子即可判斷是否抽血、測量體內的甲狀腺素 T3、T4、freeT4、TSH，或安排甲狀腺超音波、服用藥物約三分之二的病人會症狀改善，此時不可吃海帶、紫菜等含碘食物，若藥物治療一年以上仍無法有效控制症狀可考慮放射治療或手術。

建議找醫師做頸部超音波，合併粗針細胞抽吸送病理化驗，檢驗甲狀腺功能的血液檢查包含：T3、TSH、free T4（游離甲狀腺素），無論亢進或低下配合藥物皆能有效控制，應找內分泌科醫師做檢查，雖然甲狀腺亢進原因不明，但跟遺傳有高度相關。

若經過超音波穿刺，病理報告確定沒有惡性細胞，則服藥追蹤即可，若醫師觸診外型不規則，邊緣界限不清楚，鈣化或結構混亂，比較有惡性的可能、患者自體免疫、遺傳（女性若有家族史，較有甲狀腺異常的機會）、環境壓力、情緒。

4. 食療提升自癒力

甲狀腺亢進患者盡量不要吃海菜、海帶、髮菜，至於有人認為十字花科蔬菜（如高麗菜）也不能吃，其實研究顯示除「碘」含量高的食物外、無須特別限制蔬菜水果。維持身體機能運行、醣類（碳水化合物）、蛋白質、維生素、礦物質、以及全穀根莖類為主，避免精緻甜點，適時補充維生素 A、維生素 B 群、維生素 C，甘藍（高麗菜）、胡蘿蔔、花椰菜、青江菜等。

■ **四、耳聽八方悄悄話聽不到？──關於耳朵**

（一）聽力受損，重聽：時好時壞的聽力減退，耳鳴

1. 症狀敘述

聽力較好的一耳，其聽力損失超過 55 分貝的人，算是有聽覺機能障礙，可以申請身心障礙手冊，衛服部規定優耳聽力損失在 55 分貝至 69 分貝者為輕度聽障，優耳聽力損失在 70 分貝至 89 分貝者，為中度聽障，優耳聽力損失在 90 分貝以上者為重度聽障。一般人正常呼吸的聲音約 10 分貝，講悄悄話或耳語約 30 分貝，談話的聲音大約是 50 分貝至 60 分貝，交通擁擠的街道所製造的噪音約 90 分貝，飛機起飛的噪音約 110 分貝；如果聽不清楚別人說的悄悄話時，聽力損失可能已經超過 25 分貝。

2. 生病原因

後天性聽障（adventitiously deaf）：胎兒出生後因種種原因導致的聽障：(1) 疾病傷害例如：腦膜炎、中耳炎、肺炎、痲疹、水痘、梅尼爾氏症（Meniere's disease）等；(2) 外部損害，例如頭部意外受傷、噪音刺激、藥物作用、精神壓力、老化等。

周遭工作環境或生活中噪音造成聽神經損傷，分為暫時性、永久性、急性聽力外傷（炮竹爆炸），一般在

80 分貝下即對聽力造成不良影響，影響情緒、血壓等自律神經的運作，長期會導致憂鬱、耳鳴。除了環境，次重要的就是年齡，尤其糖尿病或高血壓，皆會傷害聽神經，原理是影響耳部血液循環，或是外傷和感染使耳膜破痛，此時應立即就醫，尤其原因不明的聽力缺損，可能和身心科疾病或正在使用中的藥物有關。

3. 建議

避免長期戴耳機聽音樂，從事拆除房屋等工作應戴耳塞保護，若發現聽力慢慢減退，應尋求耳鼻喉科作聽力圖檢查，補充維生素 B 群並找出聽力損傷原因，盡早追蹤（每年追蹤一次）和改變生活習慣，通常聽力先從高頻開始受損，若 40 分貝以下就聽不到，應考慮配戴助聽器，聽力和安全有很大的關係，不少車禍都是因為聽不到鳴笛聲發生的；若車禍或高處跌落造成的外力撞擊，也應讓醫師評估耳道手術可行性。

注意事項：

（1）使用耳機時，音量固定在最大音量一半以下，且每 30 分鐘休息 10 分鐘。

（2）避免雙耳暴露於不必要噪音下，減輕耳朵工作量。

（3）手指塞入耳道才能有效阻隔聲音，塞衛生紙或用手摀完全無效。

(4) 善用耳塞／耳罩阻隔噪音。

(5) 定期聽力篩檢，確保聽力健康。

（二）梅尼爾氏症、耳石脫落：暈眩、單側耳鳴

1. 症狀敘述

耳朵脹脹的感覺、眩暈、耳鳴、重聽、噁心嘔吐。

良性陣發性姿勢性眩暈，最常見於內耳的耳石脫落症；當我們平時轉頭、變換姿勢時，內耳淋巴也跟著流動，當頸部突然快速移動時，耳石可能脫落掉入半規管。

若停止轉動眩暈症狀也改善，但下次頸部姿勢改變，又會產生陣發性眩暈，只要與姿勢改變有關，且伴隨噁心、天旋地轉。通常耳石脫落產生眩暈時，應先固定頭部姿勢，若持續發生應該臥床休息。

梅尼爾氏症占眩暈中的 1/5，可開始於任何年齡，一般為 20 ～ 40 歲、女性略多。研究發現發生率為每十萬人有 100 人，約 25% 到 35% 的病人會產生雙側病變，由內耳造成偶發性眩暈、耳鳴和聽力障礙的綜合表現，例如：噁心、走路不穩、天旋地轉，50 ～ 60 歲和 60 歲以上老人皆好發。

梅尼爾氏症只有當病人抱怨同時出現陣發性眩暈和聽力障礙才可能被診斷，耳朵悶脹感覺和噁心等症狀可

能也會同時出現，受影響的病人往往出現週期性的急性症狀與較長的緩解期；眩暈有旋轉或搖動感的特徵，與噁心和嘔吐相關，並持續 20 分鐘至 24 小時；另有 15% 病人會表現出失去平衡感，還有五分之一的人因症狀影響生活。

2. 原因

梅尼爾氏症是內耳淋巴水腫，內耳淋巴液和離子平衡異常所造成，偶發性眩暈、耳鳴、神經性聽力喪失，症狀為眩暈、耳鳴，又名為內耳膜性迷路水腫。常見原因如下：耳前庭神經、內耳病變。此症常會反覆發作，頻率愈來愈密集，會感到天旋地轉、噁心嘔吐，影響生活品質。梅尼爾氏症是內耳淋巴水腫引起，原因未完全清楚，可能有很多種，如內分泌失調、免疫系統出問題、精神壓力過大或上呼吸道感染等。尼爾氏症產生的眩暈與一般感冒產生的暈不同，通常伴隨耳鳴、噁心嘔吐等症狀，會感到天旋地轉、無法站立，可能會持續好幾小時。患者平常會較一般人容易水腫及暈車。

3. 建議

梅尼爾氏症的治療較為棘手，且容易復發。若有耳鳴、噁心嘔吐、眩暈等症狀時，建議及早就醫治療。

三分之二的梅尼爾氏症患者會因眩暈來門診求助，此與其他頭暈的區別為：嚴重眩暈，第一次發作時最屬害，自發性的眩暈、反覆性的眩暈、間歇性眩暈，時好

時壞不會持續太多天，會自發性回復；低頻較嚴重，且聽力呈起伏性，急性突發，耳鳴厲害，會有怕吵，在市場或喧鬧場合加重症狀；梅尼爾氏症被視為一種慢性疾病，治療以緩解症狀為主，但不能根本解決病生理的異常。另外，女性、老年人的眩暈發生比例較高，此時可找有經驗醫師做耳石復位，並搭配口服症狀緩解藥物。

若有以下症狀者，則不是耳石問題：耳朵悶脹、聽力下降、耳鳴、頭痛、口齒不清、嗆到、手腳無力、發燒、複視。減少眩暈發作頻率和嚴重程度，消除因為不斷發作導致的聽力障礙與耳鳴，減輕慢性症狀如：耳鳴和平衡的問題；防止聽力障礙與失衡惡化，大部分確診梅尼爾氏症的患者，通常服藥緩解症狀，促進末梢血液循環及血管擴張劑、止暈的藥物，健康飲食（少鹽、少油）和規律作息，戒菸、戒酒就可以達到緩解耳鳴情形，並減輕暈眩症狀。

4. 小叮嚀

避免菸酒及食用含有咖啡因的食品，如濃茶、咖啡、巧克力等。少吃刺激性食物及低鹽食物，多吃蔬果；不要熬夜，宜睡眠充足，適時緩解工作壓力。

延伸閱讀：常見眩暈的原因 [14]。

---

14 根據台灣的統計資料，頭暈（dizziness）是民眾尋求醫療常見的主訴之一，約占門診的 5%，也是 >75 歲老年人常見的就診原因；造成頭暈常見原因分成周邊型前庭病變（peripheral vestibulopathy）（45%）、身心疾病（15%），

（peripheral vestibulopathy）（45%）、身心疾病（15%），以及中央型前庭病變（10%）、其他（15%）和不明原因（15%）；其他少見需要注意的嚴重病因有腦血管疾病（6%）、心律不整（1.5%）和腦腫瘤。平衡感主要由內耳前庭系統、小腦及本體感覺系統，三個系統將訊息傳入大腦感覺區，若有不平均則產生眩暈感；因此耳鼻喉科醫師診斷過程當中，主要是檢查內耳的相關功能，而神經內科醫師則會從內耳、小腦及本體感覺等全方位評估病患。周邊型眩暈形成原因為雙側前庭系統（vestibular system）、內耳迷路（labyrinthine）或前庭神經（vestibular nerve）傳遞至腦幹中有任何的功能缺失（asymmetric dysfunction）所引起，病因為良性陣發性姿態性眩暈（benign paroxysmal postural vertigo, BPPV）、前庭神經炎（vestibular neuritis）、梅尼爾氏症（Meniere' s disease）等；而中樞型眩暈則是大腦中樞前庭系統發生病變（常是腦幹或小腦），致病原因有偏頭痛型眩暈症（Migrainous vertigo）、腦幹及暫時性腦缺血中風（brainstem ischemia and transient ischemic attack, TIA）、小腦中風（cerebellar infarction）。眩暈通常是內耳迷路（平衡感覺的內耳結構）受影響所引起，由於內耳是三個半規管及耳蝸兩個器官共同維持垂直或水平方向的平衡，同時也維持精細動作平衡，所以較嚴重的眩暈多半是因為內耳問題引起。一般分為五類：耳性、中樞性、內科性、心理性或外傷性原因。

　　1. 耳性：內耳引起，約占頭暈的 1/3，以下四種占耳性頭暈的 95%：良性陣發性姿態性眩暈（benign paroxysmal postural vertigo）、前庭神經炎（vestibular neuritis）、雙側前庭輕癱（bilateral vestibular paresis）。

　　2. 中樞性：約占 20%，其中 60% 是腦血管病變，包括有椎動脈缺血、癲癇、多發性硬化症及聽神經瘤。

3.內科問題：約占 30%，如姿勢性低血壓、心律不整、低血糖、甲狀腺機能低下、貧血、藥物副作用（降血壓藥、鎮靜劑、抗癲癇藥、抗生素、aminoglycoside）及細菌、病毒感染引起。

中樞性眩暈和周邊性眩暈區別方式，在於前者會讓人感到漂浮不定；後者則是讓人感覺在旋轉，並伴隨有噁心嘔吐症狀；引起周邊性眩暈疾病主要包括：梅尼爾氏症、前庭神經炎、耳性眩暈；梅尼爾氏症又稱為內耳淋巴積水，會引起眩暈、耳鳴、聽力障礙等症狀，致病原因至今仍無法完全了解；梅尼爾氏症的患者常因眩暈而昏倒，但不同於一般暈倒後不省人事，這類病人仍有知覺，且通常只發生在一側；不過有 1/3 以上的病人會變成兩側性，甚至聽力也在幾年內慢慢地變壞，最後成為重度聽力障礙，這種聽力退化迄今尚無藥物可以醫治；因此醫師都會建議病人早期接受手術治療。周邊性眩暈個別介紹：

（1）良性陣發性眩暈（BPPV）　特徵為病患在變換姿勢時所引發的短暫暈眩，常見於 50 ～ 70 歲老年人，女性較男性多。病因可能為內耳半規管內有浮動的耳石，於頭部產生姿勢變換時，內淋巴液流動導致眩暈。50% ～ 70%的病因為原發性，常見的次發性原因為創傷後；症狀包括突發性暈眩、噁心與眼顫，通常發作時間小於 30 秒，引發原因為翻滾、仰頭或彎腰時產生；診斷依病史與 Dix-Hall pike maneuver；治療以耳石復位術為主，配合藥物治療包括鎮靜劑及抗組織胺，可藉由阻斷通往前庭神經核的傳導改善症狀。

（2）梅尼爾氏病（Meniere's disease）典型三大症狀有：耳鳴、暈眩及低頻聽力喪失；原因為內耳淋巴管水腫（endolymphatic hydrops），常見於中年人，發作時有前兆且伴隨噁心嘔吐，症狀通常會在數小時或數日內改善，但

症狀會漸漸頻繁且加重，聽力會漸漸減退；治療包括限制鹽分攝取，限制酒精與咖啡因攝取，用利尿劑減少內淋巴水腫量；前庭功能抑制劑（meclizine）與鎮靜劑（BZD）可以改善症狀但無法根治。

（3）前庭神經炎（vestibular neuritis）及急性迷路炎（acute labyrinthitis）兩者病因相同，通常為病毒感染侵犯到前庭神經；症狀發生在急性上呼吸道感染的兩星期左右，或是中耳炎細菌感染之後；在數星期之內一次或多次嚴重暈眩，持續數日後恢復，伴隨噁心嘔吐；另外前庭神經炎只影響第八對腦神經的前庭支，故不影響聽力；急性迷路炎會同時影響耳蝸，聽力會受影響。治療包括休息及使用藥物抑制前庭功能，但同時應多走動以促進中樞神經代償；而類固醇可選擇性使用，抗病毒藥物則使用於 Ramsay-Hunt syndrome（第七、八對腦神經感染 herpes zoster 皰疹病毒）。

中樞性眩暈：

（1）腦幹缺血（brainstem ischemia）占中樞性眩暈的大多數；後顱腔中風病人（腦幹、小腦、椎動脈、下小腦動脈），有 70% 會出現眩暈症狀，伴隨半邊偏癱、言語障礙、複視及肢體麻木等症狀。椎基底動脈灌流不足（vertebrobasillar insufficiency, VBI）常見於老年或有心血管疾病危險因子，症狀持續數分鐘至數小時，可能伴隨其他腦幹症狀，可透過核磁共振檢查評估缺血狀況；若病患有頸部及後腦嚴重疼痛，需安排血管造影以排除動脈疾病可能性；另外小腦中風必須首先排除，因為小腦梗塞病患會引發後顱腔水腫，小腦中風常伴隨垂直方向或不協調的眼顫，通常無法自行站立。全身性原因如（1）藥物：鎮靜劑、止痛劑、利尿劑、高血壓藥物、抗癲癇藥物、安眠藥與 aminoglycosides 類抗生素，後者會引起永久性後遺症。

(2) 急慢性酒精中毒。(3) 內分泌疾病：糖尿病或甲狀腺機能低下；憂鬱、焦慮、過度疲勞等因素也可能造成頭暈，所以作息規律、睡眠充足、遠離壓力、避免刺激性食物等，對減少頭暈的發生有幫助。

梅尼爾氏症、耳石脫落：

1. 耳石脫落：會有天旋地轉的眩暈，時常伴隨噁心嘔吐感；時間不長通常在半分鐘以內。姿勢改變時才會發生，通常是躺下或起身，或是睡覺時轉身；有時抬頭或低頭的角度稍大也會發生，也有些人是去美髮店洗髮時發生。此眩暈現象在數日內重複發生，並只會在同樣頭部姿勢變化時出現。良性陣發性姿勢性眩暈（Benign Paroxysmal Positional Vertigo），它的俗名可能是耳石脫落症。

2. 前庭耳蝸神經炎：突然發生的眩暈，但沒有重聽或耳鳴的情形，最近有類似感冒的病史，前庭功能檢查異常，包括眼振圖以及溫差測驗不正常，無合併神經學症狀，眩暈症狀通常會持續一個星期左右，但嚴重程度漸趨緩和；前庭神經炎又稱流行性眩暈症；人體平衡系統是由接受器、傳入神經、平衡中樞、傳出神經和運動器組成。內耳前庭是人體平衡系統的主要神經末梢感受器官（其次為視覺和本體感受器）；三者只要其中任何一種感受器向中樞傳入的衝動與其它二種感受器的傳入衝動不協調，便產生眩暈。另一方面因為內耳前庭神經系統是維持人體平衡功能的主系統，且與全身其它系統存在廣泛聯繫，其自身疾病或其它系統疾病波及前庭系統均能導致眩暈；眩暈多由內耳前庭系統不協調引起，約占眩暈病例的 70%，好發於 20～50 歲之間的成年人身上，真正的原因不明，一般猜測與病毒感染有關；常在感冒後數週突然發生眩暈；前庭耳蝸神經炎診斷的依據是依照下列幾點：治療方面以藥物、生活、飲食為第一線的治療，90% 經由飲食、生活及藥物三大要素，可控制良好。

（三）耳膜破洞：耳朵刺痛、發脹、聽力受損

1. 症狀敘述

耳膜破洞出現耳朵嚴重疼痛或腫脹、發燒、耳朵流出液體等症狀時，需立即就醫。

2. 生病原因

耳膜穿孔多出於意外或病變，耳膜雖深藏於外耳道底部，卻可能因外傷而穿孔。例如：(1) 掏耳朵時不慎傷到。(2) 由於大氣壓力變化引起的「耳氣壓傷」常常易傷及耳膜。譬如被打耳光，造成耳膜破掉；新年放鞭炮或鹽水烽炮，每年都造成一些耳膜穿孔的不幸病例。過邊壓力變化，例如潛水後搭飛機，偶而亦會引起耳朵疼痛，導致耳膜破裂。(3) 大多數的耳膜穿孔乃因中耳炎由內往外破出，當急性上呼吸道感染併發急性中耳炎或積水，經一段時日或反覆發作之後，部分耳膜受到侵蝕，壞死而破裂，中耳的積液流竄而出，造成耳朵流膿（耳漏）。

耳膜穿孔可小如針孔，亦可大至完全不見耳膜，大部分為單獨穿孔，偶爾亦可見多個穿孔。耳膜穿孔可能會影響到聽力，造成傳導性聽力障礙，小的破洞並不妨礙聽力，破孔愈大，聽力受損愈嚴重，但仍不至於完全耳聾。當外耳道進水時，例如洗頭、洗澡或游泳，水會經由破孔灌入中耳，引起急性發炎，造成生活上極大的不便和困擾。

3. 治療建議

外傷造成的耳膜穿孔只要不續發感染，破孔面積不太大，通常在一個月左右都能自行癒合，不需另外處理；慢性中耳炎之耳膜穿孔，除了導致耳漏、聽障以外，還有形成膽脂瘤的危險性；破掉的耳膜可以用耳旁顳肌筋膜來修補，經由這種鼓膜成型術或鼓室成型術，可以消除耳漏並改善聽力；耳膜穿孔修補手術時麻醉方式可採局部麻醉或全身麻醉，視患者之情形而定，此種手術是一種較為精密的顯微手術，若耳膜穿孔又合併有膽脂瘤時之治療，那就比單純之耳膜穿孔修補，要複雜多了，有時需要另做乳突手術或聽小骨重建手術，耳膜穿孔的原因不外乎是出於意外或病變，其次是實施修補手術。

（四）中耳炎：耳痛、發燒、流出液體

1. 症狀敘述

耳痛、耳鳴、鼻塞、發燒、聽力減退，啼哭、煩躁、發燒、嘔吐，耳朵流出液體，耳痛，耳朵感覺脹脹的或壓力，眩暈、失去平衡，噁心、嘔吐。

2. 生病原因

中耳炎是中耳部位受到細菌或病毒感染，中耳炎是上呼吸道感染常見併發症，也是造成兒童聽力受損的主要原因。幼兒的耳咽管較短、角度較成人來得水

平,細菌或分泌物較容易從鼻腔及咽喉進入中耳內造成感染。幼兒表達能力有限,如果出現耳部疼痛、發燒或哭鬧不止的狀況,有可能罹患中耳炎。若反覆感染中耳炎,則可能引起中耳積水導致聽力受損。

中耳積水的情況稱為「積液性中耳炎」;年齡、鼻過敏、天氣、環境,都是影響積水消退的因素;菸害會延長積水消退的時間。長期中耳積水,會影響孩童的口語表達能力,耳道比較短,一旦感冒也容易變成急性中耳炎。

(1)急性:1.耳朵痛、頭痛、2.聽力障礙、3.暈眩(內耳平衡失調)。

(2)慢性:積液沒有排出,輕則聽力變差,往往被忽略,重則併發聽力損傷(永久性失聰),膽脂瘤(又稱珍珠瘤)會不斷長大,侵犯鄰近組織,嚴重可侵犯腦膜及腦組織造成腦膜炎、腦膿瘍等。

3. 建議

中耳炎大多發生在免疫力較差的孩童身上,然而當成人得到中耳炎應該要想到幾個外來的因素:1.鼻過敏:擤鼻涕太大力。2.搭雲霄飛車或潛水艇,因氣壓驟變使耳咽管阻塞。3.外傷:如打耳光。4.挖破了耳膜、中耳、內耳也發炎。5.鼻咽癌:可檢測人類Epstein-Barr virus(簡稱EBV病毒量);若單側失聰、淋巴腫大、複視流鼻血、血痰且有家族史。

（五）內耳平衡障礙 [15]：喪失平衡感

臨床上若以病變的區域可將眩暈劃分

15　周邊型眩暈形成原因為雙側前庭系統（vestibular system）、內耳迷路（labyrinthine）或前庭神經（vestibular nerve）傳遞至腦幹中有任何的功能缺失（asymmetric dysfunction）引起，周邊型（耳性）約占頭暈的 1/3，最常見的四種占頭暈 95%：良性陣發性姿態性眩暈（benign paroxysmal postural vertigo）、前庭神經炎（vestibular neuritis）、雙側前庭輕癱（bilateral vestibular paresis）病因為良性陣發性姿態性眩暈（benign paroxysmal postural vertigo, BPPV）、前庭神經炎（vestibular neuritis）、梅尼爾氏症（Meniere's disease）等。而中樞型眩暈則是大腦中樞前庭系統發生病變（常是腦幹或小腦），致病原因有偏頭痛型眩暈症（Migrainous vertigo）、腦幹及暫時性腦缺血（brainstem ischemia and transient ischemic attack，TIA）、小腦中風（cerebellar infarction）。中樞性眩暈和周邊性眩暈區別方式，在於前者會讓人感到漂浮不定；後者則是讓人感覺在旋轉，並伴隨有噁心嘔吐症狀；引起周邊性眩暈疾病主要包括：梅尼爾氏症、前庭神經炎、BPPV、耳性眩暈；梅尼爾氏症又稱為內耳淋巴積水，會引起眩暈、耳鳴、聽力障礙等症狀，致病原因至今仍無法完全了解；梅尼爾氏症的患者常因眩暈而昏倒，但不同於一般暈倒後不省人事，這類病人仍有知覺，且通常只發生在一側；不過有 1/3 以上的病人會變成兩側性，甚至聽力也在幾年內慢慢地變壞，最後成為重度聽力障礙，這種聽力退化迄今尚無藥物可以醫治；因此醫師都會建議病人早期接受手術治療；中樞性約占 20%，其中 60% 是腦血管病變，包括有椎動脈缺血、癲癇、多發性硬化症及聽神經瘤。

為：(1) 末梢性（周邊）眩暈是指病變局限在內耳半規管部位。(2) 中樞性眩暈意指病變在大小腦部。(3) 動量症。

臨床上常見的末梢性眩暈有 (1) 梅尼爾氏症；(2) 前庭神經炎；(3) 突發性耳聾。

中樞性眩暈有 (1) 椎基底動脈循環不全症；(2) 基底動脈偏頭痛；(3) 腦中風前兆（慢性腦缺氧）；(4) 大小腦出血、梗塞、動量症。

造成中樞型眩暈原因之一椎基底動脈灌流不足（vertebrobasilar insufficiency，VBI）為椎基底動脈系統供應腦幹、小腦、丘腦、枕葉等重要構造之血流不足，產生眩暈、複視、視力模糊、腿部無力症狀、甚至反覆發作短暫性腦缺血或小中風；老年族群常見暈眩（vertigo, dizziness）。

人類的平衡感覺主要由內耳前庭系統、小腦及本體感覺，三個系統將訊息傳入大腦的感覺區，若其中有一處不正常則產生眩暈感，因此耳科醫師診斷過程當中，主要是檢查內耳相關功能，而神經內科醫師則會從內耳、小腦及本體感覺等方位評估病患。

據台灣統計資料，頭暈（dizziness）是民眾尋求醫療常見的主訴之一，約占門診 5%，也是大於 75 歲老年人常見的就診主訴；頭暈常見的原因分成周邊型前庭病變（peripheral vestibulopathy）（約 45%）、身心疾病

（15%），以及中樞型前庭病變（約10%）、其他（15%）和不明原因（15%）；其他少見但需要提高警覺的嚴重病因有腦血管疾病（6%）、心律不整（2%）和腦腫瘤（1%）。

　　而老年眩暈通常是內耳迷路（專司平衡感的內耳結構）受影響所致，由於內耳是三個半規管及兩個耳蝸共同維持平衡，包括垂直或水平方向，同時也維持精細動作平衡，所以較嚴重的眩暈多半是因為內耳問題所引起；一般分為周邊型（耳性）、中樞型、其他（內因性、心理性或外傷性原因）。

　　造成椎基底動脈循環不全的最常見原因是動脈粥狀硬化，常見在65歲以上之年長者。老人頭暈常與年齡漸長伴隨的老化有關如：白內障、老花；聽覺器官退化產生耳鳴、聽力減退；關節疾病導致平衡失調；末稍循環變差導致感覺遲鈍；再加上慢性病如高血壓、心臟病、糖尿病與腦中風，以上因素使頭暈或眩暈在老年人有極高的發生比例；大部分是良性，可以藉由藥物、中樞代償與前庭復健運動改善。

1. 症狀敘述

　　發作性眩暈、耳鳴及波動性聽力障礙。有或無耳漲感，眩暈的發作時間由數分鐘至數個小時並且伴有嘔吐、噁心或腹瀉，但無其他腦神經方面的症狀，有特殊的聽力圖型；此外梅尼爾氏症有的無聽力損失，有的甚至不會出現眩暈，所以診斷上相當困難，必須等到演變

成典型症狀才能確定診斷。

通常在上呼吸道感染後，突發性眩暈、嘔吐及眼振；可能有耳鳴但沒有聽力損失；溫差試驗常見有患側前庭功能低下現象；

本病之發作與頭部特定位置有關：1. 常在頭轉向某側或睡覺翻身時有短時性眩暈但沒有聽力損失。2. 與頭部外傷引起橢圓囊之耳石移位有關。3. 少部分屬中樞性疾患；腦幹血液循環不良，此症多發於糖尿病老年患者；由於血管硬化的關係，腦幹血液循環不良，有長期慢性的缺氧；患者有輕微之眩暈，多為走路不穩，輕浮感。常伴有老年性失聰及耳鳴。

2. 生病原因

內耳位在耳朵之最深處，為顳骨包圍著。可分成兩個部分：一個叫做耳蝸，另一個叫做前庭。因此內耳又叫做平衡聽覺器。支配它的神經叫做平衡聽覺神經，是為第 8 對腦神經；平衡感和聽覺在解剖學上兩者都浸泡在共通的內外淋巴液之中，因此在臨床症狀上就產生一些複雜的關係。

平衡障礙可能會導致聽覺症狀，也就是可能會有聽力障礙、耳鳴等症狀。前庭平衡器可分成兩個部分：一部分是左右耳對稱，主控制旋轉平衡的三半規管。三個半規管相互垂直，三度空間可謂面面俱到，所以任憑你的身體或頭部處於任何姿態，三半規管都可以管得到無

任何死角；因此可以維持任何姿勢的平衡。另一部分是橢圓囊和球狀囊，它是控制直線性平衡的，包括地球引力。

內淋巴液因身體之運動而產生的流動刺激其中之感覺細胞發生電波。靜止時左右兩邊前庭平衡器會各發出方向相反強度相等的訊號給大腦，因為方向相反強度相等不偏不倚，是平衡狀態。

當身體或頭部變位，則兩邊會發出不等的電波讓大腦去詮釋身體和周遭環境相對位置的關係。如果有一邊前庭平衡器發生障礙，則縱使身體或頭部為靜止狀態，但是左右發出的訊號不相等，大腦知道了以後就會提出矯正的命令，以致改變身體的姿勢及視覺定位來因應兩邊不等的訊號。於是身體就會『不自主』傾斜到一邊去，而眼球振顫也會隨之發生，這就是失衡及眼振。

所以平衡障礙不過是前庭障礙的肢體表現而已。前庭區向大腦傳電波的路途中，腦幹某一個地方有類似電線一樣的神經交換，叫做前庭核。前庭核與迷走神經核相鄰，前庭核電位的變化常會影響到迷走神經核，引發迷走神經興奮，因此也會產生噁心、嘔吐、盜冷汗等迷走神經的症狀。

3. 建議

需較長期間之服藥，多半的患者都可以得到很好的療效；需要手術治療的患者不多。

（六）耳石脫落 [16]：耳鳴、暈眩

16　茲介紹臨床上常見的幾種眩暈的原因：

　　耳石脫落：會有天旋地轉的眩暈，時常伴隨噁心嘔吐感；時間通常在半分鐘以內；姿勢改變時才會發生，通常是躺下或起身，或是睡覺時轉身；有時抬頭或低頭的角度稍大也會發生，也有些人在洗頭髮時發生；特徵為病患在變換姿勢時所引發的短暫暈眩，常見於 50 ～ 70 歲老年人，女性較男性多；病因可能為內耳半規管內有浮動的耳石，於頭部產生姿勢變換時，內淋巴液流動導致眩暈；70% 的病因為原發性，常見的次發性原因為創傷後；症狀包括突發性暈眩、噁心與眼顫，通常發作時間小於 30 秒，引發原因為翻滾、仰頭或彎腰時產生；診斷依病史與 Dix-Hall pike maneuver；治療以耳石復位術為主，配合藥物治療包括鎮靜劑及抗組織胺，可藉由阻斷通往前庭神經核的傳導改善症狀；此眩暈現象在數日內重複發生，並只會在同樣頭部姿勢變化時出現；良性陣發性姿勢性眩暈（Benign Paroxysmal Positional Vertigo）的俗名可能是耳石脫落症。

　　前庭 - 耳蝸神經炎：突然發生的眩暈，但沒有重聽或耳鳴的情形，最近有類似感冒的病史，前庭功能檢查異常，包括眼振圖以及溫差測驗不正常，無合併神經學症狀，眩暈症狀通常會持續一個星期左右，但嚴重程度漸趨緩和；前庭神經炎又稱流行性眩暈症；人體平衡系統是由接受器、傳入神經、平衡中樞、傳出神經和運動器組成。內耳前庭是人體平衡系統的主要神經末梢感受器官（其次為視覺和本體感受器）；三者只要其中任何一種感受器向中樞傳入的衝動與其它二種感受器的傳入衝動不協調，便產生眩暈。另一方面因為內耳前庭神經系統是維持人體平衡功能的主系統，且與全身其它系統存在廣泛聯繫，其自身疾病或其它系統疾病波及前庭系統均能導致眩暈；眩暈多由內耳前

1. 症狀敘述

天旋地轉的眩暈，時常伴隨噁心嘔吐感。時間不長，通常在半分鐘以內；姿勢改變時才會發生，通常是躺下或起身，或是睡覺時轉身，有時抬頭或低頭的角度

庭系統不協調引起，約占眩暈病例的 70%，好發於 30～50 歲之間的成年人身上，真正的原因不明，一般猜測與病毒感染有關；常在感冒後數週突然發生眩暈；前庭耳蝸神經炎診斷的依據是依照下列幾點：治療方面以藥物、生活、飲食為第一線的治療，90% 經由飲食、生活及藥物三大要素，可控制良好。

梅尼爾氏病（Meniere's disease）典型三大症狀有：耳鳴、暈眩及低頻聽力喪失；原因為內耳淋巴管水腫（endolymphatic hydrops），常見於中年人，發作時有前兆且伴隨噁心嘔吐，症狀通常會在數小時或數日內改善，但症狀會漸漸頻繁且加重，聽力會漸漸減退；治療包括限制鹽分攝取，限制酒精與咖啡因攝取，用利尿劑減少內淋巴水腫量；前庭功能抑制劑（meclizine）與鎮靜劑（BZD）可以改善症狀但無法根治。

前庭神經炎（vestibular neuritis）及急性迷路炎（acute labyrinthitis）兩者病因相同，通常為病毒感染侵犯到前庭神經；症狀發生在急性上呼吸道感染的兩星期左右，或是中耳炎細菌感染之後；在數星期之內一次或多次嚴重暈眩，持續數日後恢復，伴隨噁心嘔吐；另外前庭神經炎只影響第八對腦神經的前庭支，故不影響聽力；急性迷路炎會同時影響耳蝸會影響聽力；治療包括休息及使用藥物抑制前庭功能，但同時應多走動以促進中樞神經代償；而類固醇可選擇性使用，抗病毒藥物則使用於 Ramsay-Hunt syndrome（第七、八對腦神經感染 herpes zoster 皰疹病毒）。

稍大也會發生。此眩暈現象在數日內重複發生，並只會在同樣頭部姿勢變化時出現。

2. 生病原因

良性陣發性姿勢性眩暈（Benign Paroxysmal Positional Vertigo）又俗稱為「耳石脫落症」。

3. 建議

耳石脫落時眩暈感通常在 20 ～ 30 秒內就會停止。由於內耳的眩暈是非常強烈的天旋地轉感，因此患者通常會感到恐慌，可能有冒冷汗，心跳加速，甚至血壓飆高等情形。這時只要保持冷靜，固定頭部姿勢，等待眩暈感過去即可；如果眩暈感持續發作，可以觀察是否都在睡前躺下，或是早上起床時發生。如果可以的話，進一步觀察平躺在床上時，向左或向右翻身時，哪一側會造成更強烈的眩暈感，通常該側即為患側，這些資訊都非常有助於醫師的診斷和治療；耳石脫落症是個臨床上良性的疾病，因此只要在發作期間放慢躺下和起身的速度，避免突然的抬頭和低頭，勿朝患側方側睡，通常眩暈會在幾日內自我緩解、消失。

（七）珍珠瘤、膽脂瘤：

1. 症狀敘述

顏面神經麻痺，臉歪嘴斜，吞嚥困難，不平衡感，

眩暈，頭痛、耳朵流膿，耳臭，耳脹，耳鳴，耳痛，聽力減退，聽力喪失。

2. 生病原因

膽脂瘤又稱珍珠瘤，膽脂瘤並非真正的腫瘤，它是由角化鱗狀上皮累積於中耳裂的構造內，其外在之上皮色澤光亮，稱為基質，內含角質素；雖然它並無病理上的惡性細胞，但因其所分泌的一些物質是細菌生長的溫床[17]，而且其中所蘊含的酵素會破壞骨質壁，會造成許多併發症。

膽脂瘤並非腫瘤，而是外耳道的皮膚入侵中耳黏膜，甚至到乳突腔，表皮層內包覆著角質層，形成有白色光澤的腫塊，傳導性聽障的症狀；也有可能產生在更內的顳骨岩體處，造成眩暈、感音性聽障及顏面神經麻痺，因為它會不斷擴張，造成周圍骨頭侵蝕，聽小骨也會被破壞，導致聽力障礙和平衡功能缺失，造成內耳瘻管及眩暈，若不及時治療，嚴重時甚至會向上侵犯到腦

17　感染時會造成化膿性中耳炎和乳突炎，嚴重的併發症會造成腦膜炎、側靜脈竇血栓或腦疝脫；好發族群：慢性中耳炎不治療，或反覆發生中耳炎者，很容易併發膽脂瘤；先天性膽脂瘤的好發年紀平均年齡為五歲，以男生的比率較多，因孩童的耳咽管又短又平，較容易引發中耳積水。唇顎裂的孩童是原發後天性膽脂瘤的高危險群；中耳負壓、耳咽管功能不佳持續收縮、中耳積水等造成耳膜內凹，較容易引發珍珠瘤。

底部，併發顏面神經麻痺等各種神經症狀。

先天性膽脂瘤需符合三個條件，耳膜外觀完整、沒有耳漏，沒有進行過耳朵手術，病人有正常鼓膜外觀，故診斷不易，肇因胚胎時之上皮細胞誤入耳囊中；有可能在中耳腔或其後之乳突竇中，產生了傳導性聽障的症狀；也有可能產生在更內側顳骨岩體處，造成眩暈、感音性聽障及顏面神經麻痺等症狀，但此類型比率極低（小於 2%）以下。

原發後天性膽脂瘤患者一開始耳膜也是完整的，形成的機轉大多為中耳負壓及中耳積水，時間久了上皮脫落物質無法排出，漸漸形成膽脂瘤，這也是為什麼中耳積水或是持續的負壓一定要積極處理的原因之一；續發後天性膽脂也有可能經由手術將表皮帶入，或是穿孔之耳膜邊緣上皮移行而入，久而久之造成了膽脂瘤。這類膽脂瘤會經常產生發炎性之耳分泌物，造成惡臭，所以耳朵若常常有惡臭之耳漏，也有可能是膽脂瘤造成骨內產生持續破壞。雖然病理上是屬於良性的，但因為其深具破壞性，所以不可不小心。

3. 治療建議

以手術為主，手術的目的是腫瘤的清除，再來是耳道之清潔，最後才是聽力之重建。手術方式各有不同，但目的都一樣。

手術分為：開放手術，又稱為去除耳道後壁手術；封閉手術，又稱為保留外耳道後壁手術；開放腔合併填塞手術；膽脂瘤無法以藥物治療，必須以手術完全切除腫瘤。目前治療策略，先以手術清除病灶，有的病人會要再進行第二次的二次手術，清除剩餘的病灶，同時施行聽小骨成型術。手術完後之聽力有可能會比原本還不好，這是因為膽脂瘤原本可能剛好負責了一部分聽小骨破壞後的骨傳導聽力的工作；膽脂瘤手術的重點在於完全切除膽脂瘤才是最重要的。

（八）前庭耳蝸神經炎

1. 症狀敘述

突然發生的眩暈，但沒有重聽、耳閉塞或是耳鳴的情形，最近有類似感冒的病史，前庭功能檢查異常，包括眼振圖以及溫差測驗不正常，無合併神經學症狀，眩暈症狀通常會持續一週左右，但嚴重程度漸趨緩和。

2. 生病原因

前庭神經炎又稱流行性眩暈症；人體平衡系統是由接受器、傳入神經、平衡中樞、傳出神經和運動器組

成。內耳前庭[18] 是人體平衡系統的主要神經末梢感受器官（其次為視覺和本體感受器）。三者只要其中任何一種感受器向中樞傳入的衝動與其它二種感受器的傳入衝動不協調，便產生眩暈。

18　嚴重的中樞性眩暈及其他原因引起的眩暈：

　　　腦幹缺血（brainstem ischemia） 占中樞性眩暈的大多數；後顱腔中風病人（腦幹、小腦、椎動脈、下小腦動脈），有 70% 會出現眩暈症狀，伴隨半邊偏癱、言語障礙、複視及肢體麻木等症狀。椎基底動脈灌流不足（vertebrobasillar insufficiency, VBI）常見於老年或有心血管疾病危險因子，症狀持續數分鐘至數小時，可能伴隨其他腦幹症狀，可透過核磁共振檢查評估缺血狀況；若病患有頸部及後腦嚴重疼痛，需安排血管造影以排除動脈疾病可能性；另外小腦中風必須首先排除，因為小腦梗塞病患會引發後顱腔水腫，小腦中風常伴隨垂直方向或不協調的眼顫，通常無法自行站立。全身性原因如 (1) 藥物：鎮靜劑、止痛劑、利尿劑、高血壓藥物、抗癲癇藥物、安眠藥與 aminoglycosides 類抗生素，後者會引起永久性後遺症。(2) 急慢性酒精中毒。(3) 內分泌疾病：糖尿病或甲狀腺機能低下；憂鬱、焦慮、過度疲勞等因素也可能造成頭暈，所以作息規律、睡眠充足、遠離壓力、避免刺激性食物等，對減少頭暈的發生有幫助。其他諸如內科問題：約占 30%，如姿勢性低血壓、心律不整、低血糖、甲狀腺機能低下、貧血、藥物副作用（降血壓藥、鎮靜劑、抗癲癇藥、aminoglycoside）及細菌、病毒感染引起。

　　另一方面，因內耳前庭神經系統是維持人體平衡功能的主系統，且與全身其它系統存在廣泛聯繫，其自身疾病或其它系統疾病波及前庭系統均能導致眩暈。故眩暈多由內耳前庭系統不協調引起，約占眩暈病例的70%，好發於20～50歲之間的成年人身上，真正的原因不明，一般猜測與病毒感染有關。常在感冒後數週突然發生眩暈。

　　其症狀像是天旋地轉，山搖地動，噁心、嘔吐、臉色蒼白、走路不穩，症狀可持續數天至1～2週，病人只能臥床休息，眩暈發作時並不合併聽力障礙或耳鳴；前庭神經炎、梅尼爾氏症、良性陣發性眩暈三者之間，可由臨床病史、症狀等加以區分，臨床眩暈患者就診時，醫師常常要求患者進行前庭功能檢查，以便分析、找尋眩暈的原因，採取恰當的治療方案。臨床上常用有聽力檢查、溫差試驗、眼振電圖（ENG）和重心搖動儀檢查。前庭神經炎診斷的依據是依照下列幾點：治療方面以藥物、生活、飲食為第一線的治療，90%經由飲食、生活及藥物三大要素，可控制良好。

3. 建議

　　使用抗眩暈藥物，以控制其急性眩暈發作和嘔吐的症狀，但是眩暈發作時常常無法口服給予，多數採用靜脈或肌肉注射，以減輕急性期發作的症狀，主要的目的是幫助患者度過眩暈發作的急性期，待依患者本身的免

疫功能逐漸地恢復，當患者已產生中樞性代償的現象即不會有眩暈感。但如果其前庭功能有嚴重受損的情形，仍會有改變姿勢不平衡後遺症，治療主要是給予靜脈注射點滴補充體液，以控制患者急性暈眩發作及嘔吐所導致的脫水症狀。

儘早進行眩暈復健運動治療，其前庭功能恢復的情形會較好，而病患的眩暈症狀和身體姿勢不平衡的改善情況也會較明顯。臨床上眩暈常見於 65 歲以上之年長者，老人頭暈常與年齡漸長伴隨的老化有關，如白內障、老花；聽覺器官退化產生耳鳴、聽力減退；關節疾病導致平衡失調；末稍循環變差導致感覺遲鈍；再加上慢性病如高血壓、心臟病、糖尿病與腦中風，以上因素使眩暈在老年人有極高發生比例；但大部分是良性，可以藉由藥物與前庭復健運動改善。

（九）外耳炎、耵聹腺炎：耳朵發癢、疼痛、腫脹、流膿

1. 症狀敘述

耳朵痛、外耳道腫脹或造成聽力障礙，甚至嘴巴一張開就會疼痛的情形，常發生於濕熱的夏季，游泳後或挖耳朵不當產生的症狀如：耳朵發癢、被異物塞住的感覺、轉動頭部或拉耳朵時耳朵感到疼痛或聲音聽不清楚。

2. 生病原因

外耳的疾病大多良性，包含皮脂腺囊腫、脂漏性角化症、耵聹腺炎，臨床症狀與一般耳部疾病相似：耳痛、耳鳴、異物感、眩暈。

耵聹腺是外耳道，皮脂腺的一種，耵聹也就是俗稱的耳垢、耳屎；耵聹分布在外耳道表面，若積聚過多可能影響聽力或耳道發炎，稱為耵聹栓塞；反之若過度挖耳朵也會造成發炎、疼痛。

一般耳屎透過姿勢改變或咀嚼、咳嗽即可自行脫落，除非影響聽力才需要挖耳朵；外耳道耵聹腺炎主要原因：中耳炎、挖耳朵挖得太乾淨或太頻繁，使耳道表皮受傷；外耳道狹窄、異物（昆蟲）跑進去。臨床可用檢耳鏡看耳膜有無破洞，若無則可使用藥用耳滴劑使耳垢軟化後自行排出。

3. 治療建議

若耵聹腺發炎導致耳鳴、耳痛或頭暈，建議休息避免跌倒，平常耳道敏感族群勿掏挖耳朵，若因為體質皮脂腺發達，耳屎太多、聽力減退或毛囊阻塞發炎、浸水等外耳道發炎症狀，應至耳鼻喉科門診，透過器械取出堅硬的耵聹。外耳炎的治療，使用耳滴劑局部藥物治療為主，必要時再加上口服藥物，能使症狀得到改善。

4. 小叮嚀

耳垢其實不需要經常去挖除它，耳垢分泌本身會使

昆蟲不至於進入耳道，另外由於耳垢會自動排除，挖耳朵不但會造成感染問題，危險的話會造成耳膜被挖破的情形，如果真的耳垢過多、過硬可用滴耳劑使耳垢變軟再取出，如果耳朵出現流水或流膿要盡快治療。

（十）失調：顏面神經麻痺

1. 症狀敘述

顏面神經麻痺是一種急性神經發炎 [19]，常常一覺醒來出現包括嘴巴歪斜、口水外流、眼睛閉不緊、味覺異常、味覺喪失、耳後痛、耳朵怕吵、面部神經對於如：眨眼、閉眼、微笑、皺眉、流淚、流涎；它們還支配中耳的鐙骨肌肉（鐙骨），從舌頭的前面三分之二品嚐味道；因為支配鐙骨肌和鼓索神經（味覺）的神經都是面神經的分支，貝爾氏麻痺症患者可能會出現對聲音過敏或舌頭的前三分之二失去味覺；前額的肌肉通常會受影

---

19 臉歪嘴斜，無法閉眼，眼睛乾澀，臉部麻痺，口水外流，抬頭紋消失，溢淚，味覺異常，聽覺異常。單側或雙側的口腔味覺，聽覺，以及面部的神經感覺功能失調，會出現：局部顏面肌肉無力、表情怪異、咧笑時嘴歪、眼斜、有時候臉頰和耳朵後面也會疼痛，不由自主地流口水、臉的一邊眼皮閉不上、舌頭味覺消失、咀嚼困難、聽覺異常敏感，顏面神經為第 7 對腦神經，主掌臉部表情及眼皮閉合。顏面神經麻痺好發於春冬交替季節，發病前多有上呼吸道感染病史，會突然出現眼歪嘴斜的情形，常被一般民眾誤認為腦中風。

響；其原因多與病毒感染侵犯顏面神經有關，由於顏面神經麻痺很像中風症狀：嘴歪眼斜等。最常見原因是急性病毒感染後，侵犯顏面的神經，常見的像是貝爾氏麻痺症（Bell's palsy）症狀：流口水（嘴巴無法閉緊）、偶爾嚴重的伴隨帶狀皰疹感染（尤其免疫力低落），耳部或嘴角會出現紅色小水泡，單側臉頰疼痛、味覺異常（金屬味）、怕吵（聽覺神經變得很敏感），可以使用人工淚液，或睡覺時戴眼罩等等方式，避免曝露性角膜炎，因為顏面神經麻痺時眼睛往往不完全閉合，且無法眨眼製造眼淚，需要點人工淚液，建議外出可戴眼鏡防止眼睛吹風、睡覺時在眼睛蓋上一層毛巾，避免角膜一直曝露；另外若因帶狀皰疹病毒感染，除顏面神經麻痺症狀外，在外耳道與耳後會出現紅疹與水泡。

2. 原因

顏面神經麻痺，一般可分為中樞型及周邊型兩種。中樞型顏面神經麻痺：常見於中風或腦腫瘤等引起的中樞性麻痺，產生的症狀不限於面部，可能還有手足麻痺或功能障礙。

周邊型顏面神經麻痺：好發於春、冬兩季，最常見的是「貝爾氏麻痺」，多為病毒感染或原因不明感染造成的神經發炎，造成顏面肌肉無力，主要症狀是嘴歪、眼皮不能閉合、流眼淚、臉上的抬頭紋及法令紋會不清楚，有時會出現耳後疼痛及味覺異常。黃金治療期是發病後 3 個月內，若超過 6 個月未改善，易有口眼歪斜、

進食咀嚼時會流淚等等後遺症。

中風確實會引起顏面神經麻痺，稱為「中樞型」顏面神經麻痺，因為腦部缺血性梗塞，使得大腦皮質無法指揮顏面神經；不過腦中風患者的症狀較少，只侷限在顏面神經，通常伴隨其他局部神經學症狀，包括同側或對側手或腳無力、麻木，吞嚥困難或構音障礙等，且病人本身通常有心血管疾病等危險因子。

其病因至今仍未有定論；有些病毒被認為造成永久性，或潛在性感染而又沒有症狀，例如：水痘、帶狀皰疹病毒和 EB 病毒都屬於皰疹病毒家族；因為活化現有的（休眠）病毒，造成病毒感染已被認為是急性 Bell's 麻痺症一個原因。

研究證明這種新的激活可能由創傷、環境因素、體內代謝或情緒障礙誘發，從而表明許多不同條件可能誘發 / 激活病毒。曾經被提出過的包括單純皰疹病毒、EB virus 及其他許多不同的病毒；雖然血清中的病毒抗體有變化的證據，然而實際上並沒有直接證據；一些學說認為可能是自體免疫造成；而有一部分病人可能是因為局部血液循環不良、靜脈栓塞 / 多發顳神經病變等。

3. 建議

顏面神經麻痺治療準則為急性發作 7 天內，使用口服類固醇藥物治療，若確定是感染泡疹病毒，則可合併使用口服抗病毒藥物 7 ～ 14 天，可避免病毒擴大造成

視神經、聽神經受損，引發失明、失聰的副作用；年紀較大、有高血壓、糖尿病及一開始就完全麻痺的病人，恢復情況較不理想；有些恢復不完全病人會出現顏面肌肉，不自主運動或痙攣現象，有時還會在吃東西時流眼淚；這些後遺症是復原過程中，產生神經搭錯線的現象；建議服用類固醇、抗病毒藥；一週之後再評估顏面神經剩餘功能，並補充維生素 B 群，讓顏面神經加速修復。

治療上目前仍有爭論，有時不必給藥也會自己康復；其他可引起類似症狀的疾病包括：帶狀皰疹病毒、中風、腦部腫瘤等。其他輔助療法包括：(1) 使用人工淚液。(2) 飲食均衡：均衡攝取六大類食物，多吃新鮮蔬菜、水果，可提升人體免疫力，預防發生感冒。(3) 飯前洗手：使用肥皂清潔雙手，可預防病從口入，降低病毒感染機會。(4) 多喝水：正常人每天至少飲用 2500 c.c. 的水，促進新陳代謝，並提升免疫力。(5) 維持正常生活作息：每晚 10 點就寢，避免熬夜、晚睡，以防讓病毒有機可乘。(6) 養成運動習慣：每星期運動三天，每次至少維持 30 分鐘，多運動提升免疫力，就不容易感冒。(7) 減少去公共場所：人多擁擠的公共場所，容易染上病毒，增加感冒的風險，建議配戴口罩。(8) 預防糖尿病、尿毒症洗腎（血液透析）：糖尿病、尿毒症患者的免疫力較低，容易發生病毒感染。

4. 小叮嚀

請牢記很簡單的一個「FAST」口訣，能讓一般人

都能早期辨認腦中風的症狀；中風的 FAST 症狀 [20]：微笑、手舉高、說說話、搶時間。

F：代表 Face（臉部特徵），請病患露齒微笑，觀察臉部表情是否有不對稱，或出現嘴角歪斜現象。

A：代表 Arm（手臂力量），請病患雙手平舉維持 10 秒，觀察手臂是否無力，或單側手臂下垂。

S：代表 Speak（說話表達），請病患回答你的問題，看有沒有出現口齒不清。

T：代表 Time （搶時間），錯過腦中風黃金治療時間（目前為 3 ～ 6 小時），常常是因為警覺性不夠，當自己或家人發生身體不適，一般都會認為睡一覺應該就會好，但當睡醒後發現不對勁時，往往就錯過黃金治療期。

20　腦中風前兆，俗稱小中風，醫學稱為暫時性腦缺血，是由於腦血管不完全阻塞所產生的可恢復性腦中風症狀。如果再進展下去，腦血管完全塞住，就會導致腦中風。不過腦中風前兆通常持續時間短，往往不需治療即可恢復，因此常被忽略其嚴重性而延誤就醫。腦中風前兆的症狀多樣性，但若有以下症狀可能就要多加留意，手腳或臉部突然發麻或無力（特別是單側）、視力突然模糊或看到疊影、突然發生口齒不清或聽不懂別人的話、突然昏眩，步態不穩或失去協調、突然不明原因的頭痛欲裂；如果本身又具備有腦中風危險因子如高血壓、高血脂、糖尿病、吸菸、或心血管疾病，更要提高警覺，如果能儘早就醫、及早診斷及治療，往往就能早一步避免中風的發生。

此外中樞神經型顏面麻痺是指顏面神經核以上的部位受損，病人主要是對側臉下半部麻痺，但前額額肌通常還能動，較不影響皺眉、閉眼。通常中樞型顏面麻痺較少造成完全麻痺。顏面神經麻痺又稱面部神經癱瘓，中醫稱之為眼歪嘴斜。顏面神經是屬於 12 對腦神經中之一對，分布在腦部、額、眼瞼、嘴、舌等周圍肌肉裡。

顏面神經麻痺可分為中樞性和末梢性。在這裡所指的顏面神經麻痺（面癱症），即屬於末梢性的麻痺，病發的原因可能是因受寒風吹襲引起顏面神經管浮腫、濾過性病毒感染、風濕病、顏面附近供應營養的血管障礙、或因多發性神經炎、髓膜炎、中耳炎、腦底部腫瘤等，所引起的顏面末梢神經發炎。據統計，顏面神經麻痺最易暴發於冬天凜冽的寒風中，患者以青年及中年男性（20 ～ 50 歲）居多，糖尿病和高血壓患者尤易發生。

5. 建議

顏面神經麻痺確診後應避免吃過硬的食物，眼睛若閉不上而乾燥發炎應暫時使用人工淚液、漱口清潔口腔避免口腔黏膜乾燥，少數病人可能留下後遺症，可透過復健來刺激臉部肌肉、促進血液循環。

6. 如何自我提升免疫力

避免長時間工作及熬夜，保持正常作息；減輕壓力，養成運動習慣；保持身體健康最佳狀態，應有恆心、毅力的注重日常生活保健之外，更應有警覺心；尤其好發

於寒冬中的顏面神經麻痺，除平時的運動、按摩保養外，此時最好特別留意頭、臉部的保暖工作，避免寒風的直接吹襲，並加強臉部的指壓、按摩，以隔絕疾病的入侵；多攝取蔬果，營養要均衡，少吃刺激性食物及加工食品；冷氣、電扇出風口，不要直接對著臉部，天氣寒冷時，注意臉部保暖，平時可多做臉部按摩，避免臉部肌肉僵硬，可補充維他命 B 群。

■ 五、口齒伶俐張口學問大——關於口腔

（一）牙周病、牙周炎、齒齦炎：一般的 口臭、牙齦發炎

1. 症狀敘述

牙齦紅腫，牙齦牙肉出血，牙齒鬆脫；講話聞到口臭若不經治療會惡化成牙周炎，使牙周骨破壞造成牙齦萎縮，牙肉紅腫疼痛，刷牙流血、化膿，齒槽骨萎縮牙齦疼痛、牙齦出血（牙結石），嚴重可能併發細菌性心內膜炎。

2. 生病原因

牙齦俗稱牙肉，是由軟組織構成，位於牙齒根部周圍，具有支持、固定牙齒功能；健康牙齦呈粉紅色，刷牙時不會流血或感到疼痛，表面平整，緊緊包覆著牙齒；

引起牙齦發炎的原因：人體免疫力下降：熬夜、壓力大或糖尿病等原因使身體免疫機制改變，口腔中的細菌大量孳生，聚集在牙周組織上，導致牙齦發炎紅腫；清潔牙齒不徹底：無刷牙習慣，刷牙或使用牙線方式不正確等；長期服用心血管藥物或抗癲癇藥物，此類藥物會引起牙齦肥大，牙齦間隙增加，容易導致清除不易細菌滋生，進而造成牙齦發炎；假牙不合適或不良的假牙，特別在於不密合的人工牙冠：除了牙菌斑不易清潔，假

牙不夠密合、太突出或壓迫刺激到牙齦，都可能導致牙齦腫脹、發炎。

不良的口腔習慣，如吸菸和嚼檳榔也會導致口中細菌含量高，造成植體周圍發炎，菸的尼古丁容易使血管收縮，阻礙傷口復原，倘若植牙加上菸癮，就容易促成植體周圍發炎；檳榔會磨損牙齒和牙肉，產生傷口、滋生細菌，進而引起口腔內周圍發炎，甚至癌化；一些慢性疾病如：糖尿病患傷口不易癒合，或骨質疏鬆症患者骨頭容易流失，以及容易產生牙周病，原本口腔內就存在許多牙齦致病菌，都可能讓新植入的牙齒，牙齦周圍組織變脆弱，更容易受細菌侵入而導致發炎，最後牙體破壞。

食物殘渣和口水含鈣、磷等鹽類，經過牙菌斑的細菌作用，大約只需要 18 個小時，牙結石就開始形成；好發於牙齒與牙齦交接的地方，在牙肉邊緣稍隱蔽，而無法直接看見之臨近齒根表面的部分；初期是乳白色，且剛形成的牙結石較為柔軟，日子一久就染成褐色或黑綠色；牙菌斑進行此種礦物質化，只需兩週左右就可形成成熟的牙結石，牙結石對口腔而言是一種外來異物，會不斷刺激牙周組織，並且會壓迫牙齦，影響血液循環，造成牙周組織病菌滋生甚至感染，引起牙齦發炎，久了會造成齒槽萎縮，形成牙周囊袋；當牙周囊袋形成後，更易讓食物殘渣、牙菌斑和結石等堆積，這種堆積更進一步的破壞牙周膜，不斷惡性循環的結果，終至牙

周的支持組織全部破壞殆盡，而最終只能拔除牙齒。

營養不良問題：尤其當人體缺乏維生素 C。維生素 C 能促進鐵質吸收，維持人體的血管壁完整性，若身體維生素 C 不足會導致牙齦發炎腫脹、出血；如果牙菌斑積聚，牙齦邊緣會出現發炎徵狀，造成牙周病（牙齦炎），口腔衛生不佳容易產生牙齦炎（牙菌斑積聚在牙齦邊緣與牙齒鄰面），牙齦炎的成因包括牙菌斑堆積、營養不良或藥物副作用等。

此外吸菸者、糖尿病患者和孕婦為好發族群。牙齦炎是牙周病最早期的階段，亦與心血管疾病、糖尿病等全身性疾病的發生有關，故患者應及早接受治療，一旦發炎狀況持續，導致原本緊密的牙齦與牙根逐漸分離，形成一個溝稱為牙周囊袋，更容易讓食物殘渣殘留，滋生細菌破壞牙周組織與齒槽骨，稱為牙周炎。牙齒鬆動、牙齒敏感（琺瑯質受到侵蝕）、口臭、牙齦發炎發紅、牙齒移位（咬合不正）、齒槽萎縮、牙齦腫脹、出血，黏附在牙齒表面的牙菌膜所引起的；如果加上口腔衛生欠佳，牙菌膜就會長期積聚在牙齦邊緣；牙菌膜裏的細菌會分泌毒素，刺激牙齒周圍的組織，例如：牙齦、牙周膜和牙槽骨等牙周組織包括牙齦、牙周膜和牙槽骨等就會遭受破壞，情況就會惡化，形成嚴重牙周病、牙周炎。

3. 建議

牙周包含支持牙齒的牙齦、牙周韌帶和齒槽骨三個

構造；牙菌膜內的細菌會分泌毒素刺激牙齦，引起牙齦炎；牙菌膜亦會被唾液（口水）鈣化形成牙結石；由於牙結石的表面十分粗糙，因此導致更多細菌積聚，使牙齦持續發炎，甚至有機會惡化成嚴重的牙周病。減少牙菌斑：正確的潔牙，綠豆大小的牙膏，牙間刷使用在齒縫，牙線用於牙齦溝，每半年的口腔檢查，可多吃新鮮蔬果及全穀根莖類食物，少吃添加過多精緻醣類與人工加味劑的食物，保護牙齦健康；遵從醫師指示每半年就要定期回診，追蹤牙齦健康、齒槽骨的高度、假牙及植體的穩定度等。

平日留意保護牙齒（包含假牙），避免吃過於堅硬的食物。戒除吸菸及嚼食檳榔的習慣；如發現有牙肉紅腫、刷牙流血、假牙鬆動的情況，盡速回診接受治療。

超音波去除牙結石（即洗牙）。牙結石清除術通常只能除去淺層的齒齦上牙結石，對重度牙周炎不具治療效果。齒齦下結石併重度牙周炎可施行牙根整平術及齒齦下刮除術來治療。牙根整平術可以把附著在牙根部的牙菌斑、牙結石以及被細菌感染的牙根表面刮除。

齒齦下刮除術則是以特殊的牙周治療器械去除齒齦下結石與發炎性肉芽腫組織，能使牙根表面乾淨與平滑，促使牙周組織癒合；針對病因進行潔牙外，可配合局部藥物治療；急性炎症可配合使用抗生素治療；超音波洗牙，是針對清除牙齒結石部分；因為牙結石更容易造成牙菌斑的堆積，造成牙齦炎、牙齦出血，牙周病；

在治療的同時，齒頸部鄰接面的結石去除後，牙齒也會有美白的表現；洗牙會有出血現象，牙縫變大是因為牙結石堆積，牙齦、牙周發炎導致齒槽骨吸收的結果，不是洗牙造成牙縫變大；牙結石去除後，牙齦由於炎症改善紅腫消退，使牙齦變得健康結實，當然牙齦會稍退縮，這是牙周當時真正的狀況，是牙周病無可避免的後遺症。牙周病不予於早期處理，越發嚴重之後再治療時，牙齦退縮會更明顯，所以洗牙本身不會造成牙縫變大，洗後牙齒表面比較粗糙，牙結石還會再次出現。

（二）唾液腺結石：口臭、口頰疼痛

1. 症狀敘述

疼痛和唾液腺腫脹，而這些症狀通常又會因為進食，甚至是想到要進食而加重。但是唾液腺結石也可能以無痛的頸部腫脹來表現，也有患者都沒有任何不適，卻在常規健康檢查時意外發現到有唾液腺結石。

2. 生病原因

唾液腺是人體的一種消化腺體，分布在口腔周圍，一般而言唾液腺可以分為四種，分別是耳下腺（腮腺）、頷下腺、舌下腺、小唾液腺，其中腮腺、頷下腺、舌下腺又稱為大唾液腺。男性比女性更容易發生唾液腺結石，而多數患者的年齡是介於 35 ～ 65 歲之間。唾液腺

結石大部分發生於單側（75%），較少發生於雙側。大約有 90% 唾液腺結石是發生在「頜下腺」，發生在「腮腺」的結石則大約為 15%，而從「舌下腺」或小唾液腺則很少發生唾液腺結石；如果患者因為感染而發生了唾液腺炎，那唾液腺的疼痛以及頸部腫脹通常會跟著變得更加嚴重。

3. 建議

保持良好的水分攝取，在有結石的唾液腺位置可以先使用濕敷和熱敷，並且按摩腺體，藉著濕敷熱敷且按摩的方式來盡量使唾液流動順暢。唾液腺結石所引起的疼痛則可以用常見的止痛藥控制（非類固醇抗炎藥 NSAID），當保守治療效果不佳或是症狀明顯影響生活時，就需要考慮使用手術方法來移除結石了；由於唾液腺結石也可能引發細菌感染，所以在臨床上懷疑感染時，就需要積極使用抗生素治療。

4. 小叮嚀

唾液腺結石相關的危險因子有：水分攝取不足，抽菸，某些藥物，例如：利尿劑、抗膽鹼藥物，某些疾病：腎結石、慢性牙周病、痛風、唾液腺曾經受傷。

（三）口臭

1. 症狀敘述

嘴臭、嘴苦、口乾舌燥、乾髮、牙齦腫痛、發燒、舌苔、腸胃脹氣、消化不良、胸悶、便祕、頻尿、胃痛、煩躁、失眠、疲倦、劇烈牙痛、牙齒抽痛、牙齒酸痛、吃冷熱食物敏感、刷牙敏感、吃酸、甜食物敏感、牙齦紅腫、臉部腫脹、發燒、發冷、夜間睡眠時的自發性牙痛。

2. 生病原因

口臭指的是從口內散發出難聞氣味的一種症狀，反映身體有某方面的問題需要探究，臨床氣味可能因此而不同；好發族群如下：有口腔相關疾病或問題的人，如：慢性牙周病、牙齦炎、蛀牙、口內炎、舌炎等患者，或口腔衛生習慣不佳，不喜刷牙、戴不潔淨的假牙、牙套者；患有全身性疾病的人，與新陳代謝或內分泌方面有關，如：糖尿病、腎臟病、肝臟病患者；或正值生理期及更年期的女性。有腸胃疾病、消化系統方面問題的人，如：長期便祕、胃潰瘍、胃食道逆流、腸胃炎、胃出血、胃癌、及感染幽門螺旋桿菌；有呼吸道方面問題的人，包括：慢性支氣管炎、支氣管腫瘤、鼻子過敏、鼻竇炎、鼻涕倒流者；口腔唾液腺功能不佳者，口水分泌過少易使細菌累積滋生造成口臭；如：高齡者唾液腺衰退，或接受化療的癌症患者唾液腺功能受抑制；或常服用某些特殊藥物如抗組織胺、抗巴金森疾病藥物、化療藥物、利尿劑、安非他命等，也易引發口臭；經常吸菸、喝酒、或嚼食檳榔的人；大量攝食口味重的刺激性

食物者，如：大蒜、洋蔥、韭菜、醃燻肉類等；此外還包括，長期處於高壓力狀態、或情緒不佳的人。

(1)單純性口腔問題的口臭，聞起來偏酸，類似硫化物的氣味，由口腔疾病引起，如：齲齒、牙周病、牙齦發炎。本類型的口臭除口腔明顯有異味外，還可伴隨牙齦腫、痛、局部發熱等症狀。

(2)疾病型口臭，臨床表現除嘴臭外，可能出現其他部位的局部不適，如：胸悶、腹脹、頻尿、便祕等；若味道聞起來像臭雞蛋，可能是罹患胃潰瘍；若是像魚腥味，可能為肝功能不佳或肝硬化；如果像蘋果臭酸味道，則可能是腎功能不佳；腎衰竭、透析患者則偏尿騷味或阿摩尼亞味；若是像腐敗的水果味道，可能為糖尿病酮酸血症；呼吸道感染則類似乳酪發酵的味道；而相似於蛋白質腐敗味道的，需要懷疑是白血病或其他血液疾病。

(3)心因性口臭，氣味和病理性口臭不同，偏苦、澀，多在情緒壓力大、緊張焦慮、失眠的時候出現，若同時伴隨其他心因性消化道問題，則會帶有酸味。

3. 發生原因

因體內的細菌分解蛋白質，產生揮發性硫化物，造成的原因多半是口腔的問題，其餘兩成則和非口腔問題的生理疾病或心理因素有關；包括不良的口腔衛生習慣、各種牙齒和口內黏膜疾病等，造成口中細菌多，而

牙菌斑、牙縫中的食物殘屑，經細菌分解就會產生惡臭；舌面及舌根也會藏匿細菌，因此舌苔、舌背若無定期清潔，都會引發異味。唾液的多寡和口臭也有關，因為它能幫助帶走細菌，如果分泌過少，如受藥物副作用影響、高齡、熬夜、內分泌失調、感冒發燒、吸菸喝酒等，便容易促成口臭；目前診間常用口氣測量儀來診斷，由受測者口中真空抽取氣體，客觀的測量揮發性硫化物（引發異味的主要物質）濃度多寡，超過 160 ppb 就表示有口臭；亦可透過自我測量方式：將手掌合攏包住口鼻朝裡面呼氣，用鼻子吸氣來判斷；而處理口臭問題務必探究來源病因加以治療，才能改善。接受化療的癌症患者，由於唾液腺功能受到抑制，口臭情況較嚴重；其他與口腔相關的還有飲食，像是吃大蒜、洋蔥、臭豆腐、咖哩等重口味食物，會造成短期性的口臭；非口腔問題的生理疾病首推胃腸道疾病，因口腔與消化道相連，所以當有相關病症如消化不良、脹氣時，容易透過打嗝或胃酸逆流，將不好的氣體傳至口腔。慢性便祕則會因體內有害物質沒有及時排出，被吸收進血液中而引發口臭；造成許多胃疾病的幽門螺旋桿菌，則可能直接寄宿口腔，產生異味；腹腔裡還有腎、肝、胰臟，當這些器官生病時，也會引發口臭，特別與新陳代謝有關的糖尿病，容易併發齲齒等口腔問題導致口臭；與口腔相連的還有上呼吸道，相關疾病都會將細菌異味傳送至口腔，引發口臭；情緒也會造成口臭，心理壓力大、精神緊張，容易影響副交感神經或內分泌，使唾液腺分泌減少，造

成口乾、口臭。

4. 食療提升自癒力

如果為疾病方面引起的口臭，先要積極治療其原發病；針對特定的口腔疾病、呼吸系統、消化系統、新陳代謝等問題，進行相應的治療，如此口臭的狀況就能獲得緩解；維護口腔清潔，每天起床、睡前及飯後正確而仔細的刷牙漱口，舌苔、舌背也要定期用牙刷或乾淨的紗布加以清理；不抽菸喝酒、嚼食檳榔；飲食清淡，中醫認為口臭是因為胃腸道燥熱，可多吃一些消熱的涼性食物幫助改善，如蔬菜水果；避免常吃刺激性、重口味與不消化、油膩的食物；用餐時盡量細嚼慢嚥，進食八分飽就好，且最好預留兩個小時的消化空檔，不要一吃完就去睡；多喝水，促進唾液的分泌；睡眠充足，作息規律，保持心情愉快；善用綠茶漱口或喝綠茶，能幫助消除口中異味，並促進消化；多攝取胡蘿蔔，β 胡蘿蔔素能在體內轉化成維生素 A，發揮抗氧化的作用，抑制口中活性氧，有效預防口臭。

牙髓炎是指牙髓受到侵犯而發炎，多為細菌感染所引起，發生位置為牙髓腔與齒槽骨，須盡快接受牙科根管治療，否則壞死的牙髓可能引發臉部蜂窩性組織炎、菌血症甚至敗血症等嚴重疾病；牙髓炎患者就算不遇冷熱源或甜食，也會感到牙齒疼痛，甚至劇痛到無法正常進食，進而影響到睡眠品質；牙髓炎通常是因為蛀牙太深、牙髓受到長期刺激或受到外力撞擊，導致細菌侵入

牙髓而發生。

　　牙齒內部的牙髓，是由神經、血管、淋巴及其他軟組織構成，供給牙齒營養物質，維持牙齒的生長、保護和感覺功能；牙髓發炎時會產生毒素，逐漸造成牙髓壞死，而壞死的牙髓會引發根尖牙周炎（牙根尖周圍炎）、蜂窩性組織炎、菌血症、敗血症等疾病，故需盡快接受牙科根管治療；確實做好人工牙根清潔衛生如：餐後睡前使用牙線或牙間刷；遵從醫師指示每半年就要定期回診；平日留意保護牙齒；戒除吸菸及嚼食檳榔，如發現有牙肉紅腫、刷牙流血、假牙鬆動應盡快回診接受治療。

　　牙髓炎可分為急性與慢性二類，急性牙髓炎的患者痛感最明顯，在沒有接觸任何刺激下，牙齒會自發性的劇烈疼痛，隨後出現臉部外觀腫脹等症狀；慢性牙髓炎的患者，症狀通常比較輕微或沒有症狀，容易被忽略；造成牙髓炎的原因如下：細菌感染引起的急性或慢性牙髓炎受外力傷害導致牙齒斷裂，細菌侵入牙髓，造成牙髓組織發炎壞死；其他：免疫因素：化學性的侵蝕或物理性的損傷，也可能造成牙髓組織發炎、導致壞死。嚴重蛀牙的患者。當細菌持續往內侵入到牙髓組織，便會形成牙髓炎。牙周炎患者若細菌逆行性侵犯到牙髓腔，亦可能引發牙髓炎；矯正牙齒期間的病患。因矯正器容易使食物殘渣堆積，且有清潔死角，容易導致蛀牙，進一步引發牙髓炎。

5. 臨床建議

養成良好口腔衛生習慣，每天徹底清潔牙齒，吃完食物後最好立即刷牙，並使用牙線或牙間刷清潔齒縫；正確使用牙刷、牙線、牙間刷及漱口水；使用「貝氏刷牙法」清潔牙齒；使用氟化物，增加牙齒對蛀牙的抵抗力；充實口腔保健知識。生活作息規律，避免長期熬夜，睡眠要充足；攝取均衡飲食，以保持良好的口腔健康；避免食用糖果、餅乾、含糖飲料等過甜的食物；不吸菸、不吃檳榔、少喝酒；養成規律運動習慣，提升身體免疫力；定期找牙醫師檢查，最好能每半年洗牙一次。

（四）口乾症、吞嚥困難

1. 症狀敘述

口水的減少，淚液的消失，還有陰道的乾澀，這種免疫系統疾病，還會影響遠方的腦神經造成中風、巴金森氏症、歪嘴斜眼、全身不知名的疼痛、憂鬱、慢性咳嗽、肺部纖維化、肝炎、膽道炎、胰臟炎、全身性血管發炎等許多遠方和內臟的病變。

2. 生病原因

乾燥症候群是一種自體免疫疾病侵犯到外分泌腺和上皮細胞；最常侵犯的腺體是唾腺和淚腺，因此最常見的臨床症狀是口乾和眼睛乾；其他含上皮細胞的器官亦可能受侵犯；乾燥症是一種病因尚未完全明瞭的慢性、

進行性自體免疫疾病；主要以破壞人體的外分泌腺，如：淚腺、唾液腺為主；患者的外分泌腺因為被淋巴細胞侵犯而產生慢性發炎。

分泌功能原來正常的上皮細胞慢慢被淋巴細胞取代而逐漸喪失功能；乾燥症患者主要的症狀大多不離眼睛乾燥、口腔乾燥以及風濕症關節疼痛等症狀，這些都是全身病變的表徵，病患的血液中通常可以檢驗到一些不正常的自體抗體。其中約有25%的患者多處器官（例如：肺臟、腸胃系統、神經系統）會受到侵犯而產生多樣化的臨床症狀。該病的診斷標準，包括病人自覺有口乾、眼乾的症狀、淚液試驗證實有乾眼的徵候、唾腺功能檢查證實唾腺受侵犯、嘴唇切片證實有唾腺發炎和血液中有特殊的抗體等項；有很多的藥物如高血壓用藥、抗憂鬱藥、肌肉鬆弛劑、抗痙攣藥物、去充血劑等均會引起口腔乾燥的症狀。另外，曾接受頭頸部放射線治療、C型肝炎、憂鬱症和其他多種疾病甚至老化現象亦可能有相似的症狀。

3. 建議

淚腺受破壞致淚液減少，病人會覺得眼睛乾澀或感覺沙子跑進去；因唾腺被破壞，病人會覺得唾液減少，吃東西時食物易黏附於口腔內側，須常搭配喝湯。病人較無法忍受辛辣食物，甚至會有味覺異常、慢性口腔燒灼感；此病亦常侵犯其他器官，造成皮膚乾癢、血管炎和甲狀腺機能低下。侵犯呼吸道時，因黏液分泌較少致

呼吸道乾燥，容易有乾咳；部分病人甚至有間質性肺炎；病人常有肌肉酸痛和關節炎，部分病人有對稱性關節炎，其症狀和類風濕性關節炎頗相似，病人血中常有類風濕因子，有時會被診斷為類風濕性關節炎。

一般而言此病症狀較輕微，不會造成關節變形，且對於類風濕性關節炎的治療藥物反應良好；另外此疾病亦可能侵犯神經系統、泌尿生殖道以及合併淋巴瘤；在治療方面，對於乾眼部分可用人工淚液或藥膏改善其症狀，對於嚴重的病人必要時可用塞子塞住鼻淚管，以防止淚液流失；口乾部分可使用人工唾液改善其症狀，對於症狀較嚴重的病人可使用促進腺體分泌的藥物；而由於口乾病人常有蛀牙、口腔念珠菌感染，口腔保健工作就顯得重要。除症狀治療外，病人會有自體免疫反應造成腺體和組織發炎及被破壞，或產生自體抗體抑制腺體的分泌，因此可用免疫調節藥物治療，甚至使用類固醇和免疫抑制劑。

4. 食療提升自癒力

多吃有抗自由基的食物；抗氧化的食物，如花菜，蘆筍，豆類，蘑菇類，深海魚等；生鮮的蔬菜、綠葉菜、十字花科蔬菜（青花菜、高麗菜等）、萵苣、胡蘿蔔及生鮮水果等。研究已逐漸發現如：存在於蕃茄、西瓜、草莓、紅肉葡萄柚中的「蕃茄紅素」，也大量存在於人體的血液中：它是一種強效的抗氧化劑，可以協助自由基的清除。

（五）顳顎關節障礙

1. 症狀敘述

下巴脫臼、頭痛、耳鳴、耳內疼痛、發音障礙、張口疼痛、張嘴困難、張口閉口會發出關節聲響、咀嚼疼痛、張口中線偏斜、臉部肌肉痠痛、肩頸酸痛、頸部肌肉痠痛、頭痛、耳朵裡面痛（其實是顳顎關節疼痛，常被誤會是耳朵痛）。

2. 生病原因

顳顎關節（下巴關節）是耳朵前方的一個關節，左右側各一個關節，下顎骨將兩個關節連結在一起，故嘴巴張合時兩個顳顎關節也會同步運動；顳顎關節是下巴運動的支點，由顳骨的關節窩以及下顎骨的關節頭組成；關節頭上方有一層軟骨形成的關節盤，作為關節抗磨損、受力的緩衝；引發顎關節疼痛是因為關節發炎，而造成顳顎關節障礙症的原因通常不是單一的，可能包含：牙齒咬合不良。

精神壓力因素：包括個性容易焦慮、緊張或過度憂慮、長期工作壓力大、過度疲勞等；生活作息不正常或營養攝取不均衡。夜間磨牙、經常牙關咬緊、習慣張大口咬食物、長期頭頸部姿勢不良等等。顏面或下顎關節曾受外力撞擊（如：車禍或跌倒骨折等）外傷；張嘴時間過長，如進行牙科根管治療、植牙後的患者；顳顎關

節俗稱下巴關節,掌控人類嘴巴的開閉功能,當其中間的一層關節盤因為長期移位導致軟骨磨損,或因外傷撞擊、過度咀嚼、精神壓力等因素引發咀嚼疼痛和功能異常時,就稱為顳顎關節障礙;復發機率高,常見於生活壓力大、個性易緊張、咬合不良等人的身上,常用的治療方法有藥物治療、咬合板治療、物理治療及手術治療等。

3. 預防與小叮嚀

培養樂觀的態度,保持良好的心情,減輕工作壓力,尋找適當抒發情緒的方式;生活作息規律,避免長期熬夜,保持睡眠充足;養成每日運動的習慣。進食要細嚼慢嚥,避免大口啃咬,要攝取均衡的飲食;避免不良的生活習慣,長時間咀嚼口香糖、睡覺磨牙、張大嘴打哈欠等;避免吃太硬的食物,如:魷魚絲、肉乾、堅果類等。避免長時間張嘴,應適時閉口休息,保持顳顎關節放鬆;避免久坐不動,應適時起身活動肩頸,多喝水或漱口,放鬆臉部肌肉。

(六)喝再多水還是口乾舌燥、心理原因的劇渴症?是乾燥症嗎?

1. 症狀敘述

口腔唾液減少,是讓人口乾的原因之一,唾液不足

足時，咀嚼、吞嚥都會變得困難，口腔還會有灼熱感，嘴唇缺水就會乾裂，甚至伴隨喉嚨痛的症狀。

2. 生病原因

這可能跟內分泌或外分泌疾病，或是頭頸部放射線治療的破壞有關聯。另外生活壓力大、精神容易緊張焦慮的人，或是服用某些會抑制副交感神經的藥物，也都會造成唾液分泌減少，也有不少病人是因為鼻過敏或是睡眠時容易鼻塞，習慣用嘴巴呼吸，導致早上起床口乾舌燥。

常見可能病因如下：

(1) 甲狀腺亢進：因為身體代謝較快，體內水分也蒸發較快，因此容易口乾舌燥。

(2) 糖尿病：典型的「吃多、喝多、尿多」症狀，加上體重減輕。

(3) 尿崩症：多尿、口渴而且多喝，常常半夜起來小便導致睡眠中斷；每天尿量可多達 3 ～ 10 公升或以上，因此也容易有脫水的情況。尿崩症可以簡單地區分為兩大類：1. 中樞性尿崩症（又稱神經性尿崩症）：成因是腦下垂體無法分泌足夠的抗尿激素所造成，可能的病因有顱內的腫瘤（腦瘤、腦膜瘤、其他地方的腫瘤轉移至腦部）、感染（腦炎、腦膜炎）、血腫、頭部外傷、腦部手術後。2. 腎原性尿崩症：是因腎臟的集尿小管對抗利尿激素沒有反應所造成，可能病因有先天遺傳、藥

物（如：精神病患常用的鋰鹽等等）。

（4）缺鐵性貧血：體內血紅素不足、缺乏鐵質所導致的貧血，其症狀也有食慾不佳、情緒低落、口渴、皮膚乾燥等。

3. 治療建議

口腔腫瘤患者、唾液腺結石、唾液腺發炎或修格蘭氏症候群（乾燥症候群）也會因為口水的分泌減少而造成口乾現象，唾液腺的分泌受到副交感神經的刺激，因此也可使用擬副交感神經作用藥物（例如：pilocarpine; salagen）來刺激唾液的分泌；也可以使用人工唾液緩解症狀。

4. 食療提升自癒力

吃微酸的東西、或咀嚼口香糖、均衡飲食、適當補充水分以及維生素 B2、B12、維生素 C、葉酸；維生素等營養素的缺乏，也會造成口乾舌燥或口腔潰瘍；富含維生素B2的食物像是五穀類、糙米、麥片，堅果、腰果、葵花籽、芝麻；蛋黃、豬肝、魚肉、深綠色蔬菜、黑木耳、紫菜。

（七）惡性貧血、大球性貧血：維他命 B12 缺乏導致舌頭感覺異常

1. 症狀敘述

　　疲倦、活動容易喘、胸悶，舌頭發炎腫痛、味覺減退、神經學症狀（常見對稱感覺異常、麻木）、憂鬱、躁動、失眠、健忘，舌頭有麻麻、癢癢的感覺，口角有刺痛感或麻木感，口角有疼痛感，全身偶爾有刺麻感，像是觸電的感覺，記憶力受損、失眠、臉頰顴骨刺痛。

2. 生病原因

　　大球性貧血的原因大多由於維他命 B12 或葉酸缺損而引起，引發的原因常與萎縮性胃炎、飲酒過量有關，長期酗酒亦可能引起同樣之惡性貧血，一些化療藥物使用亦會導致貧血；在胃癌患者接受過胃全切除後，多會引發維他命 B12 的缺損，因而造成大球性貧血，這是因為胃裡的壁細胞會分泌維生素 B12 吸收所必須的內在因子，若是內在因子缺乏會造成維生素 B12 吸收降低，以致引發惡性貧血，最常見的原因是胃黏膜萎縮；另外，葉酸缺乏則常因為飲食不當，缺乏綠葉蔬菜、肝臟、柑橘類水果、酵素等食物，或是酗酒患者所引發之慢性酒精中毒，在血中的高濃度酒精可以阻斷骨髓對葉酸的反應，妨礙紅血球的生成，因而引發大球性貧血；維生素 B12 缺乏的症狀廣泛；包含：身心症狀、肌肉無力、肌腱反射變慢，貧血和舌頭味覺（最常見）減退。

　　貧血分很多種，維生素 B12 主要是大球性的後天性貧血，原因可為胃切除後 B12 吸收不足，或平常飲食攝取不足，常見於嚴格的素食者（吃全素），或萎縮性胃炎使胃的內因子分泌不足，無法結合 B12 在小腸被人體

吸收，但只要補充維生素 B12 症狀即可改善；建議典型的惡性貧血導因於胃的壁細胞無法產生足夠的內在因子（intrinsic factor），導致 B12 的吸收受阻，最後造成 megaloblastic anemia（大球性貧血）。

3. 食療提升自癒力

富含維生素 B12 的食材：全麥食物、糙米、香菇、乳酪、牛奶、優格、蛋黃、豆腐；2020 國健署飲食指南當中，指出蛋白質的建議依序為：豆、魚、蛋、肉、奶；若是內在因子的問題，口服維生素 B12 效果差，常要靠注射的維生素 B12 補充。

（八）老年咀嚼困難

台灣高齡化問題日益嚴重，老年人往往因牙口、咀嚼能力下降、或是缺牙、舌頭功能和口腔咀嚼肌肉功能衰退、假牙裝置不當等問題造成咀嚼困難，進而出現食慾差、口乾而影響營養素吸收，營養不良是常見的徵象，通常透過檢驗血清中 albumin（白蛋白）、lymphocyte（淋巴球）等鑑別營養程度；建議將含纖維的蔬果或肉類食物切或剪成小塊，拉長用餐時間慢慢進食，搭配水分幫助口中的食物吞入食道內，改善便祕的問題。

1. 症狀敘述

咬合是人體中一個極為複雜的機制，是由骨頭、顳

顎關節、肌肉及牙齒之間集合而成的運動狀態。有一組穩定而有效率的咬合，可以讓我們把食物好好地咀嚼以攝取營養，也可以讓我們有清晰而自然的發音，可以和其他人做有效率的溝通。老人的飲食中發現他們容易因為牙齒咬合問題，不喜選擇需要咀嚼的含纖維的食物，且因為老化口渴機制退化，也可能伴隨著喝水容易嗆咳的問題，而減少了水分的攝取，因此原因容易會有便祕的問題產生。

2. 常見原因

老化咬合能力可能會隨著時間慢慢弱化的，一般來說咀嚼肌群的力量會隨著年齡慢慢下降；顳顎關節如果長期使用也有機會跟膝關節一樣，有磨損的問題；至於牙齒的疾病更是對老年人的咬合問題有很大的影響，會影響到咬合的牙齒問題，大概有牙齒磨耗或缺牙、牙周病等。

3. 建議

進食的方法幫助改善咀嚼和吞嚥困難：選擇較軟質的食物，例如：從菜莖改選擇瓜類或嫩葉，縮小食物的體積，例如：將豬排切成小丁狀，改變烹調方式，例如：從煎蛋改成蒸蛋，食物在適當的溫度食用，例如：溫熱的料理不要放到涼才吃，或是生菜沙拉不冰了才吃；因為接近體溫的食物較無法刺激吞嚥反射能力。色彩豐富的餐點，會增加食慾。增稠劑，例如：太白粉、蓮藕粉、

地瓜粉，讓食物變得黏稠，可幫助吞嚥困難的病人進食。

4. 增加高蛋白飲食與吞嚥訓練

若是因為咀嚼吞嚥困難的程度很嚴重，無論怎麼進食仍舊無法達到一日所需的營養，可考慮使用市售的液態補充營養品，用於補充進食所不足的營養素。

（九）口角炎、鵝口瘡、齒齦炎：嘴破、口腔潰瘍

1. 症狀敘述

嘴唇破洞、舌破、口頰潰爛。

2. 生病原因

口瘡俗稱口內潰瘍，是一種很普遍的口腔內黏膜疾病，患部可見於口腔內各處黏膜，例如唇、頰內、舌、牙齦等，一開始是圓型紅腫，很快發展成潰瘍，表面凹陷呈白色周圍充血，有時潰瘍位置不只一個，因傷口開放、表皮神經裸露在外，因此對口中各種刺激很敏感，碰觸均會嚴重疼痛影響進食；建議可以用類固醇口內膏或其他敷料、抗菌漱口水或止痛藥來緩解症狀。

口腔潰瘍一般 5～7 天可痊癒，根本的治療還是需要靠飲食及調整作息，否則容易一再復發，若持續 3 週以上都沒痊癒，要注意可能是身體免疫失調的前兆。口角炎、會反覆張口流血：病原是單純皰疹，由於長在嘴

角且張口會流血，容易被發現，造成人際交往上的困擾；大家常以為唇部皰疹是因為接觸不乾淨的東西；其實皰疹有兩種型，嘴唇皰疹和生殖器皰疹[21]。有些自體免疫疾病，如：紅斑性狼瘡，一開始也會有口腔潰瘍的症狀，如果還合併了眼睛、生殖器等其他地方的潰瘍，便可能是罹患自體免疫疾病；類似的疾病還有口腔扁平苔癬，病灶除了在口腔裡，也會出現在嘴巴外的皮膚上，口內潰瘍可長達數年甚至終生；另外還有嘴角感染皰疹病毒，皰疹病毒是發生在口外而非口內；以上原因都容易和普通口瘡混淆，就醫時儘可能詳細的告知原有的疾病史，讓醫師了解可能的症狀，包含：發病時間、頻率、持續多久、是否有其他患部出現病症等，以利正確診斷及治療。

　　口瘡和個人飲食或口腔習慣也有關，如：吃東西過快的人容易咬破嘴巴黏膜，此外，口中細菌很多（口腔

21　第一型（HSV-1）常見的部位在鼻、唇、臉上靠近嘴角處；但因性行為習慣改變 HSV-2 也可能出現在臉部，因此位置不是判斷感染哪一型的依據，當免疫力下降時會再度復發。
　　口角炎又稱嘴唇炎，長在口（嘴）角處，通常在單側嘴唇角落破皮，傷口處會紅腫、痛、脫皮結痂反覆發生，原因為感染、壓力，通常是多重因素，也可能接觸過敏原如：黴菌、白色念珠菌，因為張口即撕裂傷口造成出血，結痂、脫皮反覆發作，如果常用舌頭舔傷口，會使傷口皺摺處潮濕，會延緩癒合，避免刺激物接觸口角，如：牙膏、化妝品，保持嘴角乾燥；口角炎因口水刺激皮膚而發炎，局部摩擦出傷口加上念珠菌或葡萄球菌伺機感染。

習慣不良），傷口便可能因此發炎潰瘍，或是戴不合適的假牙、牙套，反覆造成口內刮傷都可能變為口瘡；習慣吃刺激性食物，導致消化系統紊亂，也會進一步反映在口腔引發潰爛，口腔潰瘍一部分是由白色念珠菌引起的口腔黏膜炎症，若反覆嘴破或大範圍口腔黏膜破損，或引起二度傷害：皰疹性齒齦炎，應注意是否有免疫功能缺陷，或免疫力低下（壓力、使用類固醇、癌症、人類後天性免疫不全症候群、糖尿病、口乾、使用抗生素、藥物副作用等）；鵝口瘡常見於幼兒或免疫力差的病人，成人嘴巴破洞產生會痛的潰瘍稱口腔潰瘍，非鵝口瘡！

口腔潰瘍有輕型、重型和復發性皰疹型，初期為紅色慢慢變成黃白色，中心為凹陷有劇烈疼痛，好發於嘴唇內側、口角黏膜，或牙齒咬傷處，可使用類固醇口內膏消炎止痛；嘴破即口腔潰瘍，在牙科症狀當中僅次於牙周病和蛀牙。

3. 小叮嚀

造成口瘡的原因有很多，約有 6 成和自律神經失調有關；當人體自律神經過分緊張，微血管就容易收縮，造成口腔內黏膜的血液循環不良，此時如果免疫功能又低，就容易使黏膜細胞生病產生破洞，因此生活壓力過大、焦慮抑鬱、長期熬夜等，種種可能造成自律神經失調、免疫力下滑因子，都會促使口瘡發生；而家族遺傳帶有特殊體質，天生免疫力不佳或女性因生理週期（或是更年期前後）體內荷爾蒙劇烈變化，導致口腔黏膜萎

縮、角質化功能降低，也都可能誘發口瘡；此外有少數
的人是因為缺乏營養素，如維生素 A、B、C、E 或元素
鋅、鐵等；口腔的衛生保健護理，首推牙間刷和使用牙
膏，刷牙並不能清除結石，因此每半年應定期洗牙，並
檢查口腔黏膜，除去牙結石[22]，減少細菌孳生；附著在
牙齒上的牙菌斑會分泌出細菌毒素，破壞牙齦及牙齒周
圍軟組織，久了就變成牙周病；一般鵝口瘡面積較大、
不一定會痛，小孩更常見，除了免疫力低下，若影響進
食需要治療，使用抗黴菌藥物；成人的鵝口瘡也要懷疑
造成全身免疫力低下的原因如：感染 HIV、肺結核、酗
酒等，使用可以消炎止痛的口內膏即可；有些人天生琺
瑯質脆弱，建議每隔半年塗氟保護。

4. 食療提升自癒力

可多攝取富含維生素 A、維生素 B12、C、維生素 D
與維生素 E 或元素鋅、鐵、富含葉酸的食物；富含鋅的
食物如：牡蠣、花蛤（貝類）、豬肝、花生等。富含葉
酸的食物：柑橘、桃子、李子、豆類、胡蘿蔔、蛋、豬
肝等。

---

22 口腔黏膜檢查：醫生目視或觸診口腔黏膜，看有沒有疑似
癌前病變或癌症的病兆；口腔黏膜檢查的目的，除早期找
到口腔癌外，更重要的是要找出癌前病變，提早接受治療
減少日後癌症風險；但所有檢查並非百分之百準確；檢查
前請先將口腔清洗乾淨。口腔黏膜檢查癌前病變包含白斑、
紅斑、口腔黏膜下纖維化、扁平苔蘚、疣狀增生。

■ 六、最大的器官——皮膚問題很惱人與其它

（一）是過敏還是痘痘（毛囊炎）？ 毛囊角化症、脂漏性皮膚炎

1. 症狀敘述

脂漏性皮膚炎是局部皮脂腺分泌旺盛，使皮膚產生發炎反應，皮膚乾燥、敏感、強烈瘙癢、皮膚發紅、發炎、反覆出疹、皮膚出現鱗狀的區塊、結痂或滲出液、皮膚腫脹、長水泡。

毛囊角化症是一種常見的乾燥性膚質，特色是毛孔被皮膚鱗屑阻塞，甚至發紅、發炎並產生小膿疱，反覆搔抓甚至會有色素沉澱。

脂漏性皮膚炎與體質、飲食（對某些食物過敏，例如：魚、甲殼類如蝦、蟹、軟體動物如生蠔、蜆等海鮮類）、壓力有關，好發頭皮、兩眼眉心、鼻翼、前額、耳後，少數也發生在前胸、後背；身體屬於容易出油體質，嚴重時皮膚泛紅、脫屑；可於洗澡擦乾身體後，塗抹凡士林、乳液等保濕品，避免肌膚直接接觸有機溶劑（油漆、汽油、潤滑油等），並多攝取維生素 A 的食物；若維生素A攝取不足，除會毛囊角化外，還會肌膚乾燥、角質堆積、皮膚粗糙。

2. 食療提升自癒力

多吃富含維生素 B 和礦物質的食物如：胡蘿蔔、梨子、綠豆、莧菜、黃瓜、冬瓜、芹菜、木耳、絲瓜、花椰菜、蘋果；多吃富含維生素 A 的食物：芹菜、南瓜、茄子、小黃瓜、菠菜、洋蔥等蔬菜；蘋果、水梨、西瓜、木瓜、蕃茄、香蕉等水果；其他還可補充：魚油、蜂蜜、動物肝臟、雞蛋、海鮮等；而避免吃辣椒、甲殼類、糯米、花生、蔥蒜、胡椒、咖哩、咖啡。

3. 建議

皮屑芽孢菌以分泌的皮脂為養分，所以臉上出油的部位塗抹抗生素藥膏，可降低發炎反應，同時以溫和中性肥皂清洗，可抑制細菌、黴菌生長，控制皮脂腺分泌過多而產生皮膚炎。

（二）紅疹、脫屑、影響社交的「乾癬」：小心併發關節炎和心血管疾病

1. 症狀敘述

乾癬患者皮膚會產生銀白色脫屑，也稱銀屑病。

2. 生病原因

乾癬俗稱牛皮癬，屬於自體免疫疾病，跟黴菌感染無關，完全不會傳染，通常有兩種特殊的臨床表徵，皮膚有界線清楚的紅斑，且病灶處會脫屑；代表血管表皮受到體內抗體的攻擊，好發於頭皮、手肘、膝蓋、四肢。

乾癬是全身性的發炎反應，也常合併全身系統性共病症，如：乾癬性關節炎、高血脂、高血糖、高血壓、代謝症候群和憂鬱症。

3. 治療建議

局部治療包括外用藥膏（皮質類固醇藥膏、維生素 D3 衍生物藥膏、A 酸藥膏、煤焦油洗劑等），以及紫外線照光治療；全身性治療包括免疫藥物治療（口服 A 酸、Methotrexate、環孢黴素 Cyclosporin）以及生物製劑 [23]。

4. 小叮嚀

戒菸、戒酒、減重，讓醫師知道你目前使用的藥物（包括中藥）、補充維生素 D（多曬太陽），如果沒有生活不良習慣，那也可能是壓力、遺傳體質或皮膚受傷後感染鏈球菌；可以使用凡士林、乳液保濕、類固醇、外用維生素 D、外用 A 酸、局部外用免疫抑制劑。

鼓勵患者多運動、戒菸、戒酒、早睡早起、養成良好生活習慣，可以穩定皮膚狀況，並減少心血管疾病的

23　生物製劑是什麼？有什麼優點？生物製劑是以基因工程的方法，針對特定乾癬的標靶分子（免疫調控或發炎訊息傳遞分子），製造出的融合蛋白或單株抗體，以達到治療乾癬並抑制發炎的目的；生物製劑的優點，是不會影響肝腎功能，安全性高，並且能準確地針對乾癬特定發炎媒介予以阻斷，達到乾癬治療的目的。

併發症；少數還合併眼睛的虹彩炎，都應及早預防與治療，若侵犯皮膚的範圍較大，可能需要口服免疫抑制劑和生物製劑，並同時接受照光治療。

（三）痤瘡

1. 症狀敘述

粉刺、丘疹、膿皰、紅色突起的結節、囊腫。

2. 生病原因

皮脂腺是皮膚的附屬器官，範圍遍布全身，除手、腳掌外，四肢最少，其中以臉部最多，其次為前胸和背部。皮脂腺所分泌的皮脂會與汗液混合形成弱酸性的皮脂，通過毛囊傳送至皮膚表層，皮脂可以保護皮膚、抑制皮膚表面細菌繁殖、滋潤皮膚和防止皮膚水分蒸發。痤瘡俗稱「青春痘」，是一種毛囊皮脂腺慢性發炎而產生的症狀；好發於青春期的青少年，但成年男女也可能會有青春痘的問題；主要是因為毛囊皮脂腺分泌旺盛，阻塞毛孔而造成。痤瘡主要分為二大類別：

（1）非發炎型痤瘡：包括白頭粉刺及黑頭粉刺，屬於初期的痤瘡症狀。白頭粉刺又稱閉合性粉刺，開口不明顯；黑頭粉刺又稱開放性粉刺，位於毛囊口的頂端，造成毛孔擴張。

（2）發炎型痤瘡：則包括丘疹、膿皰和囊腫，因初

期痤瘡症狀出現後，皮脂腺持續分泌、皮脂堆積在毛孔內而發炎惡化形成的症狀；青春痘發生的原因為皮脂腺過度分泌，使得上述過程無法正常作用，過多的皮脂累積在毛囊內部和毛囊內的脫落的角質細胞混合形成粉刺，粉刺會阻塞毛囊口；毛囊中的皮脂在排出的過程中，若被皮膚表層老化不良的角質細胞所堵塞，無法正常代謝脫落，會使得毛囊開口完全阻塞，油脂回堵到毛囊中，此時皮脂腺繼續分泌，使得毛囊持續腫脹變大，此時的毛囊環境有利於細菌繁衍，導致發炎狀況，若未善加處裡則可能持續惡化為膿疱和囊腫。

3. 建議

做好正確的臉部清潔：使用適合自己膚質狀況的洗面乳及溫冷水洗臉，勿用力搓揉，若為油性膚質，建議可於兩次洗臉中間使用清水清洗。使用一些富含水分的保濕產品，可以和皮脂腺的分泌物達到油水平衡，盡量少選用含油性成分者，以免造成皮脂腺內的分泌物無法排出。生活作息要規律，避免熬夜影響生理健康，每晚睡足八小時好讓肌膚有充分休息的時間，保持愉快的心情，減少心理壓力；而飲食建議：少吃高熱量、辛辣、油炸或刺激性的食物，攝取足夠的水分及新鮮的蔬菜水果。

（四）白斑：色素脫失

1. 症狀敘述

白斑常見於男性，出現在臉部才會被注意，但也有少數出現在，穿衣褲的身體部位，很容易被人忽略。皮膚出現界線分明、形狀不規則的白色斑，又分類為分節型和全身型白斑；白斑形成的原因包含：自體免疫機轉，黑色素細胞被體內抗體攻擊而凋亡；先天性黑色素細胞缺陷，紫外線讓色素細胞突變死亡。

有白斑的患者有很高的比例合併甲狀腺亢進或低下、貧血、第一型糖尿病（胰島素依賴型糖尿病），通常治療白斑病患前都會抽血排除其他內科的疾病。

2. 生病原因

自體免疫疾病最常見，通常症狀是突然出現，除了外觀受影響外，一般少見其他症狀，以臉、軀幹和背部容易產生白色斑塊或色素沉澱，不會痛亦不會癢。若有癢感則是皮膚炎、濕疹；若有凸起可能是血管性水腫（蕁麻疹）或腫塊；白斑是因為日曬、接觸金屬或有機溶劑，最常出現在自體抗體攻擊色素細胞，可先試著使用局部類固醇，若超過半年且嚴重影響美觀，可尋求皮膚科醫師，雷射脈衝光或 UV 光照治療；若白斑或黑斑面積擴大或合併落髮、皮膚麻刺（感覺異常），應至大醫院皮膚科做切片，了解是否為全身性疾病；有些不明原因的皮膚色素脫失或局部黑斑，可能是壓力引起，若不嚴重可以觀察，未必都需要治療。

3. 建議

白斑若無其他身體內科疾病，其實可以和平共處，但因外觀問題使患者常被投以異樣眼光，影響患者心理和社交；皮膚科有照光治療、外用藥膏和口服藥物，若影響美觀造成社交功能下降，可以尋求治療。

4. 小叮嚀

如果能在發病初期及時就醫，除了能避免白斑的擴大，膚色復原的機會也會大幅提升；白斑症雖然不會危害生命，也不會傳染，但往往對病人及家庭造成很大的壓力，還有可能合併其他風濕免疫的疾病；如果發現身上出現異常的白色斑點，且有持續增生的情況，應盡速尋求皮膚科醫師協助，早期進行治療與觀察，才能有效擺脫白斑困擾。

（五）甲溝炎

1. 症狀敘述

指甲與指肉間紅腫、脹痛、發炎、化膿、甲溝與指甲分開、指甲變形、指甲底下顏色變綠或變黃化膿、指甲內生、甲溝肉芽組織增生。甲溝炎（Paronychia），俗稱「凍甲」、「指溝炎」；為甲床炎（Onychia）的一種。意指指甲周圍組織，包括兩側的旁甲溝和底部近側甲溝的發炎，一般症狀為紅、腫、痛，嚴重時會有化膿現象。

引起甲溝炎的各種原因：外傷是誘發急性甲溝炎主因，指甲損傷多因刺傷、撕裂等所致；趾甲損傷則因擠壓、磨擦、修剪不當等原因引起，然後再被細菌、黴菌或病毒感染。感染的病菌主要由金黃色葡萄球菌及化膿性的鏈球菌感染所致，偶爾白色念珠菌也會。

「嵌甲」是常引起急性甲溝炎主因。嵌甲在不穿鞋的人群中極為罕見，最可能的解釋是因為趾甲不受外來的壓力，在穿鞋時受到鞋子的限制，姆趾被擠向第二腳趾方向，在趾甲的外側形成壓力，而鞋本身則壓迫趾甲的內側。這一外在壓力將甲皺襞壓向不恰當修剪後形成的趾甲銳利緣，造成局部皮膚的潰瘍，皮膚表面的細菌、真菌進入開放性傷口；急性甲溝炎主要是由金黃色葡萄球菌所引起，少數病例為白色念珠菌；初期症狀為指甲局部紅腫，輕觸紅腫部分即會產生刺痛。約數天後開始化膿，並可能延伸至指甲下方。

慢性甲溝炎的引發病原則較繁多，念珠菌、革蘭氏陰性菌及多種細菌或黴菌皆有可能，指甲會緩慢逐漸變成黃褐色，同時變形彎曲凹凸不平後變慘白或黃色；研究發現慢性甲溝炎也常合併綠膿桿菌感染而使指甲變綠；化膿性甲溝炎是急性甲溝發炎而未即時治療導致的化膿性炎症；指甲溝有輕度紅腫、疼痛、指甲小皮剝脫，少量膿液由指甲溝流出，指甲的邊緣和指溝處變黑，且可逐漸產生結節狀或蕈狀突起的炎症肉芽組織，不時分泌出膿液，易擦傷出血，部分指甲受損或變形，指甲床

下有膿液潛行；嚴重時指甲可能完全脫落。

2. 甲溝炎內外科治療

施行切開引流術來排膿最重要，通常引流後疼痛會立刻緩解，再配合口服或外用抗生素治療，大約 7 ～ 10 天後痊癒。如果口服抗生素兩週仍沒改善或已變成慢性甲溝炎時，需考慮作部分或全部的指甲拔除治療；急性甲溝炎很少會演變成慢性甲溝炎。

國內常用的嵌甲治療方法是拔指甲，即把感染的部分或全部指甲拔除，但是容易復發，並且有感染灰趾甲的風險。指甲側邊修剪太短，新指甲生長時嵌入指甲和肉之間的指甲槽而引發傷口、造成細菌感染，是引起甲溝炎的原因。常見引起甲溝炎的原因，大致上有指甲剪太短、鞋子不合腳、指甲變形造成的外傷、香港腳黴菌造成的指甲變厚、變形等。凍甲不但會造成指頭疼痛，還可能因此發炎、化膿，甲溝炎輕則影響走路，嚴重者甚至會引起蜂窩性組織炎。

3. 小叮嚀

(1) 復發期間應避免穿過緊的鞋子和襪子，以免擠壓腳趾甲重新刺進甲肉；(2) 避免腳接觸不乾淨的水，主要是池塘、水溝等，易導致復發；(3) 甲溝炎併發灰指甲，應立刻採取藥物治療，以免健康的指 / 趾甲受影響。(4) 拔指甲也會造成指頭創傷，在醫學上並非首選治療，僅在急性甲溝炎指甲下膿液積聚嚴重時才考慮。

(5) 積極治療糖尿病等影響局部免疫力的潛在疾病。甲溝處之所以會受到細菌的感染，多數情況下是因為指甲及其周圍有過創傷；因此平時要注意保護自己，一旦出現小傷口也不要大意，即時用優碘殺菌消毒。

4. 生病原因

甲溝炎的病因主要是受細菌或黴菌感染，不合適的鞋子則是誘發主因。在手部或足部遭受各類傷害後，例如：擦傷、割傷、刺傷、指甲剪太短，容易誘使原本存在空氣中的金黃色葡萄球菌、鏈球菌和各種微生物侵入；這些病菌會使皮膚局部缺血或壞死，進而引發化膿；除了急性的細菌感染，長時間接觸一些化學物質，譬如做家事時的洗碗水、洗衣劑，讓這些含化學成分的液體積在甲溝中，也容易對皮膚造成反覆性的刺激，引發慢性發炎；指甲內生或指甲剪太短的人；本身罹患乾癬、溼疹或凍瘡的人，手足部已有多處開放性小傷口，容易併發甲溝炎。

其他像是本身罹患了溼疹、乾癬、凍瘡，致使皮膚出現大大小小的缺損，也都容易讓病菌與刺激物質有機可乘，導致慢性發炎；甲溝炎是一種發生在趾（指）甲周圍皮膚的化膿性感染症，患部包括指甲兩側的指甲旁與指肉的溝，以及指甲底部的近端（內含製造指甲的甲髓），症狀有紅、腫、痛及化膿，足部手部都有可能發病；依據感染到的細菌或黴菌種類，可分為兩大類：(1)急性甲溝炎主要由金黃色葡萄球菌所引起，也有單純性

疱疹病毒、白色念珠菌。(2)慢性甲溝炎，致病的病原體較多且複雜，可能細菌或是黴菌感染，如格蘭氏陽性菌（鏈球菌）、陰性菌、念珠菌、厭氧菌等。

另有一種重複性甲溝炎，主要因指甲內生，插到內裡造成傷口，容易反覆發作較難根治；指甲往內生長或內插也是常見原因；有些是天生指甲內生症，另些則是因穿鞋擠壓或常運動跑跳撞擊，讓指甲嵌進肉裡，造成續發性的細菌感染。指甲內生情形通常會反覆發生，較嚴重會形成肉芽組織增生，必要時需要手術矯正。

5. 預防建議

保持手部與足部清潔乾爽；平日注意手部保養；洗完手後可適度擦凡士林滋潤；避免接觸化學刺激物，可戴手套來加以預防；防止手腳出現外傷。避免過度激烈的運動，做家務時也要多留意裁縫針、魚骨刺等尖銳物品；如有傷口需即時處理避免感染，養成良好的衛生習慣，不隨意拔除倒刺，一旦出現倒刺就要用指甲剪，切忌強迫拔除；也要避免將指甲剪太短；選擇舒適輕便的鞋子行走，平時減少壓迫指甲。

（六）黑色棘皮症：再怎麼洗，也洗不乾淨的皮膚

1. 症狀敘述

黑色棘皮症常出現在肥胖患者的腋下、脖子後面、

腹股溝、皮膚皺褶處、有較高雄性素或胰島素阻抗、糖尿病前期、多囊性卵巢症候群（有很高比例會合併出現空腹血糖耐受不良、妊娠糖尿病）。

2. 原因

胰島素是控制體內代謝的重要荷爾蒙，使血糖穩定，若飲食太過精緻、暴飲暴食、血糖上升太快，長期下來會導致體內胰島素敏感度下降，作用也漸漸變差，形成胰島素阻抗，有黑色棘皮症患者通常也有肥胖（過重）或非酒精性脂肪肝炎，黑色棘皮症是黑色素沉澱在表皮和真皮層，通常發生後頸和腋下，主因有內分泌失調、紫外線，以及某些含香料、化學色素、含防腐劑的化妝品、服用 Quinine 類抗生素、抗黴菌藥物等。

3. 治療建議

要改善黑色棘皮症就必須改善胰島素阻抗性，透過飲食控制及增加身體活動，改變生活形態才能改善皮膚狀況及三高（高血壓、高血脂、高血糖）。

4. 小叮嚀

飲食，運動，加上血糖自我管理，才是改善胰島素阻抗的不二法門。

（七）接觸（異位）性皮膚炎、汗皰疹

1. 症狀敘述

皮膚乾燥、皮膚敏感、搔癢、紅疹、丘疹、脫屑、關節部皮膚增厚、皮膚變粗、水泡滲出液、結痂、毛孔角質化，慢性搔癢、持續或反覆發作的皮膚疾病；常出現於孩童，但也可以出現在任何年紀；特別好發於異位性體質的人；所謂的異位性體質包括：異位性皮膚炎、氣喘、過敏性鼻炎，大多有家族史。

2. 生病原因

（1）急性期：主要呈現發炎、發紅、有時產生水泡、病灶潮濕、搔抓傷口的情形。

（2）慢性期：主要則是皮膚乾燥、脫屑、皮膚變厚、紋理增加，呈現苔蘚化。

異位性皮膚炎是一種慢性且持續性的皮膚過敏疾病，與家族遺傳有關。最常在嬰兒期或兒童期就開始發病；主要特徵為皮膚癢，尤其晚上睡覺時特別癢，睡眠品質不好而影響白天的課業、工作；遺傳到異位性體質與細胞免疫功能異常，是目前認為造成異位性皮膚炎的主要因素，許多病患的血清中可檢驗出免疫球蛋白 E（IgE）高過正常值、嗜伊紅性白血球的數值有時會偏高，這多半是和過敏反應有關；天生皮膚太過敏感，一旦接觸到種種誘發因子，例如：環境過於炎熱或乾燥，攝入致敏性食物或花粉、塵蟎等，觸摸刺激性的物質，如：肥皂、絨毛玩偶、地毯、尼龍、動物皮屑等，另外還有情緒壓力、出汗、反覆摩擦等，都可能造成異位性

皮膚炎；由於觸發因子相當複雜，若沒有調整居家環境和生活習慣，忽略皮膚的保溼，反覆發病的機會很高。

汗皰疹在某些人身上常常會反覆發作，卻難以獲得控制。而腳部的汗皰疹和香港腳，以及手部的汗皰疹跟富貴手，這些疾病常常容易讓人混淆不清，也延誤了治療的時程與方向；汗皰疹 [24] 是什麼原因造成的呢？到今

24　汗皰疹是夏季常見皮膚疾病，發作起來又紅又癢，還帶有小水泡十分擾人；異位性體質除了表現為異位性皮膚炎之外，還有氣喘及過敏性鼻炎等兩種表現；根據醫學統計如果雙親其中一人出現這三種異位性體質中的任何一種，生下來的小孩遺傳異位性體質的機率約百分之六十，而如果雙親兩人均屬異位性體質，機會更高達百分之八十；嬰兒型的異位性皮膚炎病症較集中在前額與頭皮，冬季雙頰或頸部會出現乾燥脫皮的現象，患部伴隨搔癢導致嬰孩哭鬧不安，不易入睡；之後會慢慢轉移到四肢的屈側，如：手肘窩、膝窩；而兒童型及成人型的異位性皮膚炎，病灶會轉到四肢的伸側；急性發作起來的搔抓可能使皮膚損傷帶有滲出液，長期下來造成該部位皮膚增厚、膚質變粗，顏色也變深，就像又粗又黑的象皮一般，儼然變成慢性溼疹的外觀；可能跟體質有關，汗皰疹常常找不出具體引發物質，這可能是壓力引起的，減少壓力累積定期舒壓，維持作息正常，避免熬夜晚睡，都可能可以改善症狀，降低復發機率；避免過度壓力以及戒菸，還有避免紫外線曝曬。近年來對金屬過敏引起的汗皰疹逐漸被重視，有個假設是汗水會造成對鎳的敏感性，手掌和腳掌的汗腺多，例如：鎳造成手掌腳掌為汗皰疹的主要發病部位；汗皰疹的型態跟其他皮膚疾病類似，手上可能會以為是富貴手、異位性皮膚炎，在腳上容易誤認為香港腳，建議就醫診斷治療以

日研究還是找不出原因。

免延誤病情；若是水泡或泛紅範圍變大，或有傷口務必盡速就醫。過去有許多汗皰疹研究，但沒有明確的原因，以下列出目前認為可能引起汗皰疹的原因：1.壓力，2.異位性皮膚炎病史，3.金屬過敏（接觸含有鈷或鎳等金屬），4.皮膚感染，5.注射免疫球蛋白，6.多汗症，7.吸菸，8.紫外線；汗皰疹其實是一種手部濕疹，在台灣的盛行率不低，許多人都有過手指、手掌反覆出現發癢水泡的經驗。減少金屬接觸機會（尤其是電鍍金屬）；避免接觸其他刺激性物質，例如香精、有機溶劑等，或者戴手套。如果對金屬過敏，或者常常發作卻找不到原因，可以試試看類固醇降低發炎反應，依疾病嚴重程度決定類固醇的給藥劑量；輕中度汗皰疹可使用高效價的類固醇藥膏4週；外用類固醇不太會造成全身性吸收，長期使用還是有皮膚變薄防禦力降低等副作用；重度汗皰疹以口服類固醇為主，服用一週後可依治療情形調整劑量與治療時間；如果治療四週未見改善或常常復發，可以用照光治療的方法改善，也可能須要重新檢查是否有其他長期接觸的過敏原或共病（如黴菌感染等），有些免疫抑制劑如 Calcineurin inhibitors 的外用藥膏也有效果（中度或強度效價類固醇藥膏），需止癢也可使用口服或局部抗組織胺藥膏。有篇研究低鎳飲食與皮膚建議幾個大原則，簡述幾項重點如下：

　　(1)避免含鎳高的食物，如可可、巧克力、黃豆、麥片、堅果、豆莢類。

　　(2) 避免含鎳營養補充品，及罐頭食物；避免用過熱的水洗手，使用溫和的清潔產品，使用不刺激的護手產品，但不宜過度清潔，在洗手後使用溫和的保濕成分，而且不可以抓破水泡，一旦破了可能增加感染風險。

通常異位性皮膚炎[25]患者同時還會帶有多個症狀，個人或家族性的過敏性鼻炎、氣喘、蕁麻疹或過敏性結膜炎等病史，也就是所謂的異位性體質。多數隨著年齡的增長，病況可望緩解，但也有些是在青春期過後或到成年期才發病，然而大抵皮膚狀況均屬敏感，易於發炎，為避免刺激與惡化，應積極把握大原則：避免皮膚乾燥、天氣熱、流汗、曬太陽、壓力大和焦慮。

3. 小叮嚀

避免身體過熱、流汗過多；在夏季艷陽之下避免從事戶外劇烈的活動，導致流汗悶熱等刺激皮膚；也要盡量避免處於溫差大的環境；穿著寬鬆舒適、排汗佳的棉

25　接觸性皮膚炎又稱過敏性皮膚炎、異位性皮膚炎、濕疹，常見於皮膚皺折處，如膕窩、肘窩等皮膚摩擦處，搔癢會更惡化，且若加上感染會變成蜂窩性組織炎，接觸性皮膚炎和遺傳、體質、環境過敏原接觸有關，嚴重的異位性皮膚炎患者也常同時有氣喘、過敏性鼻炎、過敏性結膜炎、蕁麻疹，通常使用局部類固醇和抗組織胺、口服或注射抗組織胺即可緩解症狀：1.避免誘發或加重因子：穿著羊毛衣物、冬天保濕避免乾裂、高溫的環境、流汗、空氣或食物含有過敏物質、皮膚感染、壓力、習慣性地搔抓。2.保濕。加強保溼，避免用過熱的水洗澡，頻率和時間也要適度。因為異位性皮膚炎本身的膚質就是乾燥而敏感型，沐浴之後可擦乳液和凡士林為肌膚加強鎖住水分。3.外擦類固醇。4.口服抗組織胺或類固醇。5.工作時戴手套避免接觸刺激物質；如真的對接觸性皮膚炎症狀非常困擾，可做過敏原貼膚試驗，找出並避免接觸過敏原。

質衣物，避免長毛、尼龍類等觸感粗糙的衣料，以減少
皮膚受摩擦；減少食用致敏性高食物，像是奶、蛋、海
鮮、麥、堅果等，其他含色素及防腐劑、調味料過多的
人工食品也儘量不碰；定期做好居家清潔，去除灰塵、
塵蟎過多的物品，清洗窗簾、枕頭、絨毛玩具等，若對
動物的皮毛會過敏就不適合養寵物，除非勤於打掃，或
加裝空氣清淨機來降低過敏的發生；保持心情愉快，舒
緩壓力；減少使用香水、芳香劑等化學物質。

（八）缺脂性皮膚炎：冬季癢[26]

1. 症狀

　　冬天較常見，雖然台灣冬天不至於低溫到平地也下
雪，但隨著老化或個人體質改變，均可能使皮膚油脂流
失、發癢，發炎甚至脫皮，有些人臉部屬於油性肌膚，
但不代表不會發生冬季缺脂性皮膚炎，因為臉有油脂，
四肢卻沒有，只要乾冷空氣就會讓手腳發癢脫屑。癢是
一種症狀，局部性或全身性？發病幾天？什麼時候最嚴
重？偶發性或週期性？目前是否服用藥物或保健食品，
工作環境有無暴露花草、粉塵？有無昆蟲叮咬？

2. 生病原因

26　除了因為食物過敏而引起的蕁麻疹，皮膚癢大致可分為異
　　位性皮膚炎、脂漏性皮膚炎、缺脂性皮膚炎（乾燥、冬季
　　癢）、接觸性皮膚炎。

症狀超過六週為慢性搔癢、雖然抓癢不至於危及健康，但也可能造成破皮後二次感染，亦可能為全身系統性疾病的一個警訊；皮膚接觸過敏原或刺激性化學物質（新買的衣服）有可能紅、癢，甚至脫皮來表現，需要和嚴重過敏反應（可能局部水腫、風疹表現）區別，也要考慮壓力、飲食、睡眠、氣候。

3. 建議

凡士林是好用且便宜的冬季癢保濕品，若無上述暴露史，且皮膚癢又屬乾冷季節嚴重，則可懷疑是一般冬季癢（缺脂性皮膚炎），建議不要使用肥皂洗澡，避免過度清潔，也不要洗太熱的水。沐浴後塗抹乳液、乳霜或凡士林，有止癢效果。

4. 食療提升自癒力

可以多吃富含膠原蛋白的食物如：白木耳、蓮子、雞腳等。

（九）禿頭（大量落髮）[27]

27　常見掉髮原因：(1) 雄性禿：男性掉髮主因之一，毛髮生長有週期性，雄性素是調節毛髮生長週期的重要荷爾蒙。(2) 圓禿：與自體抗體（身體產生不正常抗體）對抗正常細胞有關，約有 1/5 與遺傳有關，其他誘發因素還包含情緒、壓力。(3) 休眠期落髮：急性重大壓力（如：生產、考試）。(4) 藥物引起的掉髮：化學治療、部分抗凝血劑、甲狀腺藥物、過量維生素 A。(5) 感染：以皮屑芽孢菌為主，黴菌與

1. 症狀敘述

疤痕性掉髮因頭皮疾病造成永久性掉髮（禿頭），主要和自體免疫疾病與基因、嚴重感染有關，非疤痕性掉髮通常毛囊沒有發炎，適當治療下有可能長回來，常見的代謝異常（身體微量元素缺少），雄性禿、圓禿、休止期落髮；而最常見的還是雄性禿，除了影響美觀並非身體的健康警訊，是自然現象，透過藥物、洗髮精或植髮就可能回復；女性也可能出現雄性禿，雖然比較少，發生原因可能是雄性荷爾蒙下降或毛囊對雄性荷爾蒙較敏感所致；除了癌症化學治療之外，會突然大量掉髮（休止期掉髮）不同，雄性禿的毛髮會變細，而休止期掉的頭髮粗細與之前相同。

2. 原因

人體頭部毛髮從數萬根到十幾萬根都有，80% 頭髮處於生長期，10 ～ 20% 在退行期或休眠期，每日正常落髮數十到數百根不等，而毛囊長出新髮取代掉落頭髮，但脫落持續或是每天落髮超過 300 根（你真的去數？）就視為異常掉髮。此外也要觀察是否為內科疾病（如：紅斑性狼瘡）或扁平苔癬[28]；瘢痕性禿頭看不到

氣候、環境、寵物相關。(6)瘢痕性禿頭：原發性（不明原因）或毛囊發炎（感染之後）、燒燙傷、拉扯造成。

28　何謂扁平苔癬：扁平苔癬是一種免疫反應異常，所造成的疾病，因為在扁平苔癬病灶皮膚切片中可看到明顯的，淋巴球浸潤表皮和真皮層交界處，形成苔癬樣發炎反應，這

殘餘毛囊，因頭皮發炎萎縮，毛囊破壞形成永久性瘢痕；圓禿（鬼剃頭）呈圓形的掉髮，邊緣平滑、界線明顯，讓外觀深受影響，主要原因為自體免疫，使局部頭皮毛囊進入休止期，此時應該就醫，排除甲狀腺疾病、多囊性卵巢、胰島素依賴型（第一型）糖尿病、惡性貧血等內科疾病，若單純鬼剃頭可局部或口服類固醇，6～8週回診一次。

3. 建議

若有頭皮癢的狀況應找醫師判斷，是否為頭癬或寄生蟲感染。

4. 小叮嚀

可寫頭皮健康日誌提供醫師評估，排除內科疾病或身心壓力，加上掉髮的外觀型態、速度，找出掉髮可能的誘發原因或潛在疾病，予以治療或給予建議，頭皮呈 M 型稀疏或頭頂中心開始稀疏，多半先考慮雄性禿，可使用外用雌激素生髮液，或是口服雄性禿藥物 Finas-

---

些發炎反應是由體內淋巴球攻擊表皮細胞，特別是表皮基底細胞受傷後誘發分泌細胞激素，並吸引更多發炎細胞聚集過來。扁平苔癬也可以算是一種自體免疫疾病，從許多自體免疫疾病都曾被報告，會伴隨扁平苔癬發生，諸如：皮肌炎、多發性肌炎、紅斑性狼瘡、硬皮症、原發性膽管硬化症（primary biliary cirrhosis）、潰瘍性大腸炎（ulcerative colitis）、重症肌無力等，另外一些皮膚疾病如：圓禿、白斑也有被報告過，與扁平苔蘚相關。

teride 1mg（常見商品名：柔沛），或早晚使用含有藥
用成份 Minoxidil 5%（常見商品名：落健）的生髮水；
侷限性圓禿或自體免疫疾病如：紅斑性狼瘡所造成的落
髮，可使用局部類固醇注射治療。

（十）灰指甲、香港腳

1. 症狀敘述

腳部在炎熱潮濕的環境下感染黴菌。（有時也會感
染手部）。

2. 原因

灰指甲是黴菌感染手指或腳指甲所致，以腳指甲較
為常見；學名為甲癬，一般人常會和香港腳混淆，其實
發作的原因和香港腳類似，但病人不會癢也不會痛；潮
濕不通風的環境，工作會常碰水，如：農夫、餐飲業人
員，或是天生手指腳指多污垢的人；此外糖尿病、免疫
功能不全、不喜歡穿襪子的人也比較容易感染。灰指甲
患者常合併有足癬（香港腳）、股癬等；常見灰指甲沒
有治療，後演變成蜂窩性組織炎（傷口）、甲溝炎（凍
甲），可能要拔指甲或住院治療。

3. 治療建議

口服抗黴菌藥物或外用的抗黴菌藥膏，少則需 3 個
月到半年，少部分嚴重者甚至需 9 個月至一年治療。

4. 小叮嚀

穿著良好的步鞋是保護足部的黃金準則，對於鞋子、襪子的選擇馬虎不得，更不建議穿拖鞋、涼鞋工作或運動，若工作一定會碰水，每天一定要清洗足部、指縫，檢查有無破皮、脫皮、水泡、傷口，以及注意指甲的顏色。

（十一）紅疹又發癢，異位性皮膚炎、脂漏性皮膚炎傻傻分不清楚？「酒糟鼻、酒糟性皮膚炎」

1. 症狀敘述

臉紅、紅鼻子、搔癢、刺痛、灼熱、紅色丘疹、膿皰、眼睛乾澀、紅眼、結膜發炎、眼皮發炎、畏光、局部纖維化、軟組織增生、皮膚凹凸不平；酒糟鼻又稱玫瑰斑、酒渣鼻；通常出現在雙頰，延伸至鼻子、或額頭、下巴等容易出油部位，一般發生原因是敏感的肌膚，加上慢性皮膚發炎；發生初期以微血管擴張，如痤瘡（青春痘）一般有丘疹，較常見於白種人和女性；致病原因可能與情緒、壓力，以及對某些成分過敏；酒糟鼻與體質有關，很難根治，控制方法如臉部清潔、保溼、避免誘發因子、防曬、有膿疱時盡量保持清潔；容易與之混淆的疾病有：青春痘、更年期臉潮紅、紅斑性狼瘡、脂漏性皮膚炎或黴菌感染、異位性皮膚炎（濕疹）。

2. 生病原因

　　酒糟性皮膚炎是屬於皮膚血管神經性的過敏反應，因為特殊的體質，原本皮膚血管就較一般人更敏感，當受到外界刺激時，血管容易過度擴張而發炎發紅。臉部微血管系統繁複，又是全身血管分布密度最高的地方，因此酒糟性皮膚炎的問題集中在臉部；若發炎持續嚴重下去，皮膚組織可能會因為腫脹，擠壓到皮脂腺妨礙代謝，皮脂阻塞毛孔，進而引發紅疹、青春痘、膿皰等。酒糟鼻是一種發生於面部中央的紅斑和毛細血管擴張的慢性皮膚病；因為鼻色紫紅像酒渣一般，所以稱為酒渣鼻；酒糟鼻發病的原因，是屬於過敏體質，因為飲食與環境刺激，鼻頭及其周圍皮膚代謝環境發生改變，皮脂分泌旺盛，容易引起病菌感染，酒糟鼻的患者喝酒會使酒糟惡化；另外日曬，悶熱，開心，興奮，生氣，緊張，生活壓力大，熱或辣的食物，過熱或過冷的環境等，也都容易讓酒糟變得更嚴重；酒糟性皮膚炎是一種常見的皮膚病，多與體質有關，天氣悶熱病發的人數會增加約兩成。初期的症狀為臉部泛紅，在兩頰和鼻子間就像曬傷似的起斑，感覺也像喝了酒一樣發紅，而且帶有熱熱或刺刺的感覺，過一陣子暫時消退，但是還會反覆出現，久而久之可能繼發紅疹、膿皰等較嚴重的症狀；依照臨床診斷又可分為四型：

　　(1)紅斑血管擴張型：臉部持續泛紅數小時到數天，並可能出現血絲。

　　(2)丘疹膿皰型：除了臉部持續性泛紅之外，尚合

併有類似痘痘症狀的紅色丘疹及膿皰，易被誤認為長青春痘；差異處在於，酒糟性皮膚炎的膿皰沒有粉刺，青春痘有粉刺。

(3)鼻瘤型：皮膚與皮脂腺增厚而形成局部腫瘤。

(4)眼部型：酒糟性皮膚炎的患者超過半數還伴隨了眼睛乾澀、流淚、灼熱感、眼皮紅腫發炎等過敏症狀。

誘發臉部酒糟的外界刺激包括：

(1)環境：悶熱的氣候、強烈的紫外線或電暖器的熱源照射、通風不佳的密閉空間、熱水洗臉、劇烈運動等。

(2)生活作息：壓力、熬夜，易使荷爾蒙紊亂，內分泌失調，皮膚血管也因此備受刺激，誘發酒糟性皮膚炎。

(3)飲食與藥物：吃過燙過辣的食物可能引起血管擴張。含酒精的飲品也算觸發因子，雖然酒糟性皮膚炎不一定就是喝酒造成，但酒精原本就有促進血液循環、引起血管擴張的特性，所以對酒糟性皮膚炎具有一定的刺激性。其他致敏性高的食物，如：巧克力、肝臟、堅果類、優酪乳、蕃茄、乳酪等，由於富含菸鹼酸及色胺酸，吃多也容易促使血管擴張，進而引發酒糟性皮膚炎。會讓血管擴張的藥物如外用類固醇及血管擴張劑、菸鹼酸等，也都是酒糟性皮膚炎的刺激因子。

(4)化學物質的碰觸：使用含酒精或香精、去角質

等刺激性成分的護膚保養品、化妝品，都可能造成酒糟性皮膚炎。

3. 建議

防曬、避免刺激性食物、情緒（壓力）、避免含香精化妝品保養品，以水性保養品為佳；口服藥（包括：四環黴素、血管收縮劑），外用 Metronidazole 藥膏、外用 tacrolimus（Protopic）、pimecrolimus（Elidel）藥膏，四環黴素抗發炎的口服藥物，是最常被使用的；嚴重時可考慮口服 A 酸的治療，外用 Metronidazole 及杜鵑花酸（azelaic acid）。

4. 小叮嚀

正確的清潔與保溼，洗臉次數不宜過多，並選擇水溶性強而溫和的洗面乳，好讓化學物質不停留在肌膚上太久，洗完後的保溼可直接塗抹乳液就好，因為化妝水含揮發作用，可能使皮膚角質層裡的含水量更低，降低皮膚保護力；避免處於溫度過熱的環境，例如：蒸氣浴和烤箱、泡溫泉。平日做好防曬，儘量以物理性的防曬方式如：穿薄外套、撐陽傘、戴帽子等，取代化學性的塗抹防曬油，減輕對肌膚的負擔，不化妝，化妝與卸妝對敏感性肌膚而言都是一大刺激，作用在臉部的外加物，應以簡單溫和為重；新的沒用過的化粧品，使用前最好先在手上或其他地方試塗測試，確認無刺激性再擦在臉上。熬夜所產生的雄性荷爾蒙及腎上腺素會影響皮

膚，造成皮膚血管不穩定；減少攝取油脂、鹽、辛辣的油炸飲食；避免喝酒；多攝取一些富含維生素 B2、維生素 B6、維生素 B12 及維生素 A 的食物和新鮮蔬菜、當季水果。

第 二 章

現代人的文明病──
生活習慣造成的疾病

（一）肌少症成因與症狀

肌少症是骨骼肌肌肉質量減少和肌肉力量下降的現象，骨骼肌質量及功能流失的疾病，稱為肌少症（sarcopenia）。肌少症代表的是隨著年紀的老化伴隨著骨骼肌的質量與力量減少，目前與衰弱症皆已經被視為老年症候群（geriatric syndrome）的一員。

老年肌少症若加上活動力、體重下降，便很容易引起衰弱（frailty）。近年來肌少症和衰弱都被認為是老年病症候群（geriatric syndrome）的表現。由於肌少症與衰弱症、甚至與失能、住院，死亡率上升等結果有密切的關連，因此臨床醫療人員有必要加強對肌少症的認識，以提供老年人良好的健康照護。

肌少症診斷可藉肌肉量、肌力和生理表現診斷；假如肌肉質量下降、肌力衰減和生理表現下降三者同時存在，可算是嚴重肌少症（severe sarcopenia）；同時肌少症也會以尿失禁，吞嚥困難來表現，但是吞嚥困難和肌少症的因果關係目前仍處於模糊地帶，究竟是吞嚥困難以至於營養不足而導致肌少症，抑或是肌少症導致吞嚥相關的肌肉群缺乏力氣造成吞嚥困難？正常人因老化導致身體的肌肉質量減少、肌力減弱，同時伴隨著身體活動量降低、身體活動功能變差、步行速度及耐力下降，對身體功能的意義是會導致老人日常活動能力降低、甚至失能，且增加健康照護的需求和成本。

　　預防及照護方法除鼓勵老年人保持運動習慣、攝取足夠蛋白質，鈣質和維生素 D 外，並衛教初期臥床老人的家屬和照顧者有關老人運動對幫助防止肌肉萎縮的重要性。

　　營養照護：建議每天吃 1.2 ～ 1.5 g/kg 的蛋白質才足以防止「肌少症」，最好能分在三餐攝取優質含有 leucine（白胺酸）的蛋白質，蛋白質的來源方面如牛奶、大豆、花生、小麥胚芽、起司、蛋黃、雞肉等。

　　除了蛋白質外，維生素 D 的補充也很重要，包括鮭魚、鯖魚等等，白天適度的日曬也有助於維生素 D3 的吸收，維生素 D 除了參與體內調節鈣、磷的平衡，近年來發現對維持肌肉功能、肌肉強度與身體功能表現扮演重要角色，在肌肉細胞上發現有維生素 D 接受器，活化促進肌肉蛋白質的合成。

　　在高齡者血液中較低的維生素 D 與低肌肉質量、低肌肉強度與較差的身體功能表現有相關，且有較高的風險發展成肌少症；對血液中低維生素 D 的高齡者，補充維生素 D 每日 700 ～ 800 IU 可以改善肌肉功能，維生素 D>75 nmol/L 對預防跌倒是有益處的，若血液維生素 D 正常的人，補充維生素 D 則無效益；含抗氧化物質的深綠色蔬菜、多元不飽和脂肪酸如魚油，核桃，堅果等也可以增加脂溶性維生素 D、鈣質吸收。

（二）代謝症候群及肥胖症

代謝症候群是腦血管疾病、心臟病、糖尿病、高血壓等慢 性疾病的組合，所以被認為與這些疾病的併發症密切相關。

根據行政院衛生署國民健康局於 2006 年修定的判定標準，下列五項組成因子，符合三項（含）以上者即可判定為<u>代謝症候群：</u>

<u>(1) 腹部肥胖：男性腰圍≧ 90 cm，女性腰圍≧ 80 cm</u>

<u>(2) 血壓偏高： 收縮壓 SBP ≧ 130 或舒張壓 DBP ≧ 85mmHg</u>

<u>(3) 空腹血糖偏高：FG ≧ 100mg/dL</u>

<u>(4) 三酸甘油酯偏高：TG ≧ 150mg/dL</u>

<u>(5) 高密度脂蛋白膽固醇（HDL-C）過低：男性＜40mg/dL，女性＜ 50mg/dL</u>。

根據 WHO 亞太地區（包含台灣）定義，正常人 BMI：18.5 ≦ BMI ＜ 24 kg/m2；過輕 BMI：＜18.5 kg/m2；過重 BMI：24 ≦ BMI ＜ 27 kg/m2；輕度肥胖 BMI：27 ≦ BMI ＜ 30 kg/m2；中度肥胖 BMI：30 ≦ BMI ＜ 35 kg/m2；重度肥胖：BMI ≧ 35 kg/m2。

根據資料 2016 年全世界已有 3.4 億 5 ～ 19 歲青少

年過重或肥胖，比起 1975 年來世界上肥胖人數增加三倍。台灣學童過重盛行率約 15%；肥胖盛行率約 12%；男童約每三人有一人過重或肥胖、女童約每四人有一人過重或肥胖。這些過重的孩童大部分長大之後仍會有肥胖問題，且容易罹患高血壓、高血脂、糖尿病、心臟病、腦血管疾病、脂肪肝、胃食道逆流等慢性疾病；甚至包含癌症：大腸直腸癌、乳癌、卵巢癌、攝護腺癌等許多癌症。

（三）過重與減重

人體的脂肪分為內臟脂肪與皮下脂肪。人體的脂肪大約有三分之二存在皮下組織。它不僅能儲存脂肪，還能抵禦來自外界的寒冷或衝擊，正常地維持內臟的位置，在維持健康上扮演非常重要的角色。

皮下脂肪的主要作用是絕熱和儲存。皮下脂肪是人體儲存「餘糧」的主要場所。在冬眠的哺乳動物身體中，皮下脂肪幾乎提供過冬的全部能量；長途遷徙的鳥類也由皮下脂肪提供大部分能量供應。

（1）內臟脂肪：內臟脂肪是指環繞在腹腔及腸胃周圍的脂肪，負責保護、支撐和固定內臟。若內臟脂肪超標和高血壓、糖尿病、高血脂症、動脈硬化和心血管疾病的發生有很大的關係。

（2）皮下脂肪：皮下脂肪指儲存於皮下的脂肪組織，

在真皮層以下、筋膜層以上。與儲存於腹腔的內臟脂肪組織和存在於骨髓的黃色脂肪組織，共同組成人體的脂肪組織。

體脂肪：是人體脂肪和體重的百分比，正常的人體中約有 1/4 是由皮下及內臟脂肪組成，負責維持器官穩定及保護內臟等功能。一般而言成年男性體脂肪率超過 25%，成年女性超過 30% 就定義肥胖；而男性體脂率介於 15% ～ 25%，女性體脂率介在 20% ～ 30% 則為正常值，確切的數據會因為年齡有所差別，年齡愈大體脂率通常會越高。

正常體重、肥胖族群（BMI ≧ 30 kg/m2）的成年人族群（除了 65 歲以上的族群），腰臀比越高皆會引發心血管疾病、導致增加死亡的風險。

（四）非酒精性脂肪肝

非酒精性脂肪性肝疾病（Non-alcoholic fatty liver disease, 簡稱 NA-FLD）為西方最常見之肝臟疾病，約占一般成年人的 20% ～ 30%；在肥胖以及糖尿病患者身上，盛行率更高達 70% ～ 90%。

台灣非酒精性脂肪性肝疾病的盛行率約 11.5%；目前所知胰島素阻抗性（insulin resistance）為非酒精性脂肪性肝疾病的重要成因，因此非酒精性脂肪性肝疾病與

代謝症候群或糖尿病有明顯的相關性。

隨著國人飲食西化比例的提高,肥胖以及靜態生活型態的比率增加,在台灣公共衛生進步的同時,肝癌比例逐漸減少,但非酒精性脂肪性肝疾病的盛行率卻逐年上升,是一項國人健康的議題。

台灣國人的肥胖與代謝症候群比例增加,非酒精性脂肪性肝疾病的患者也逐年上升,非酒精性脂肪性肝疾病是肝臟脂肪的過度堆積併發炎所造成,進一步再依照肝臟細胞是否有發炎損傷來區分為脂肪肝炎,或者是單純的非酒精性脂肪肝。

兩者自然病程與預後相距極大,脂肪肝炎由於肝臟慢性的發炎,長期可能轉變為肝硬化,同時有較高的死亡率,相對於非酒精性脂肪肝則無。

大部分的脂肪肝不會發展成為肝硬化或肝癌,但脂肪肝也可能是各種肝毒性損傷的早期表現,不同病因所導致脂肪肝其病程及預後會有所不同;

在許多的病因之中,有一種被稱之為非酒精性脂肪性變性肝炎(nonalcoholic Steatohepatitis 簡稱 NASH),這是一種常見但常被忽略的疾病,主要是因為 NASH 的確定診斷也需要肝臟切片病理報告,及大部分的病人病程進行的相當緩慢,臨床上不易被重視。

因此對於臨床上懷疑是非酒精性脂肪肝疾病的患者,首先要確定診斷:取得影像或是組織學上肝臟脂肪

堆積的證據，同時排除酒精、藥物、先天性疾病等次發性的因素造成，之後再做進一步的整體肝臟功能評估，以及肝臟酵素指數檢查，來評估是否有脂肪肝炎或甚至纖維化的情況。

預防：首要是個人生活習慣的調整，飲食清淡，運動，減重，改善代謝疾病：肥胖、高血脂、胰島素抗性、第二型糖尿病等等，最後才是針對有明顯肝臟發炎的病人給予藥物治療；包含胃手術的減重，和慢性 C 型肝炎患者引起的 NAFLD，都是容易進展至非酒精性脂肪肝炎的高危險群，因此值得民眾注意。

（五）衰弱症（frailty）

肌少症不只影響老年人的身體健康、行動能力、生活品質，還會增加跌倒風險、認知功能障礙、罹病率、失能及死亡率。台灣老年肌少症的一份 2008 研究指出 65 歲以上長者其肌少症之盛行率達 21.1%。針對骨骼肌質量及功能流失的疾病，稱為 肌少症（sarcopenia）；肌少症的長者，若加上活動力、體重下降，便很容易引起衰弱（frailty）。

衰弱症是老人進入失能前的表徵，目前臨床上常用的衰弱評估指標為 Fried Frailty Index（簡稱 FFI），包括非刻意控制的體重減輕、做任何事情感到費力、身體活動量不足、手握力差、行走速度慢等五項。一般成年人肌

肉退化現象大致從 40 歲開始，肌肉平均質量以每十年減少 3% ～ 8%，隨著年紀的增加退化速度越快，70 歲以後流失速度更快，每十年減少 10% ～ 15%；至於大腿肌肉力量在 40 歲之後每十年下降 10% ～ 15%，70 歲後則為每十年下降 25% ～ 40%。

　　老年學者認為衰弱為一種臨床表象，表示此個體多項生理系統儲備能力下降，超乎其原來年紀該有的程度，　以至於當外界壓力來臨時，無法維持身體恆定，導致身體後續的失能及其它不良結果。隨著年紀增加，得到衰弱的機率也慢慢增加，根據美國的研究六十五歲以上得到衰弱的人，比例約 7%；到了八旬左右甚至更老，盛行率更高達到 25% ～ 40%。台灣 65 歲以上的盛行率也有 5% ～ 11%，女性又比男性更容易罹患此症。Rockwood 等人提出的缺損累積理論 (accumulation of deficiencies, Frailty Index)，藉此發展了一個量表，將 30 ～ 70 個不同的指標缺損狀態設成 0 與 1 的等級來算分數，分數越高則死亡率越高，此種方法可以量化一個人健康缺失的等級，但是實際操作不易達成；且此種方式沒有辦法讓醫師辨認出個體產生衰弱的原因和是否有介入的方法。

　　可知肌少症為衰弱症的一個表現，它們可能都和肌肉骨骼系統的老化相關，但目前認為兩者仍有區別；衰弱症的主要表現是較差的功能儲備，但引起的原因範圍很廣，並非都跟骨骼肌的質量與功能相關，還包括了心

理及社會層面（例如認知、社會支持及環境因素）等。肌少症和衰弱有些相似的影響因子，主要包括基因遺傳、營養狀態、生理活動能力、動脈粥狀硬化、荷爾蒙、胰島素阻抗和一些發炎因子。科學家發現在肌少症和衰弱的患者身上皆可以發現低程度的發炎狀態，特別是 interleukin-6(IL-6) 的存在。在荷爾蒙的部分，發現隨著年紀變化，男性的睪固酮素、雄性素和生長激素都會下降，並且和衰弱、肌肉量及力量的流失相關；至於女性的雌激素、dehydroepi androsterone sulfate(DHEAS) 和生長激素、IGF-1 也都會下降，亦被證實和衰弱有關。剛剛提及的相關因子，首先都必須先排除其他原因引起的衰弱或肌少症，如很嚴重的末期疾病：鬱血性心衰竭等；某些造成慢性消耗的疾病是可以治療的，如肺結核、糖尿病、甲狀腺疾病、慢性的感染、癌症、憂鬱症和失智症；而其中白氨酸 (leucine) 被視為能夠增進蛋白質生成和減少其被分解；常見富含白胺酸的食物，如大豆(soybeans)、黑眼豆 (cowpea) 或是牛肉或魚肉。維生素 D 對於骨骼肌肉的重要性常被人忽略，但是近年越來越多的實證醫學證實，維生素 D 是另一個可以預防肌少症的荷爾蒙；多數的長者有維生素 D 不足的現象，維生素 D_3 又稱 25(OH)D（有活性的維生素 D）；而身體活動本身對於生理上的衰弱雖然有效，但是衰弱本身若是由其他方面如：情緒低落或認知功能退化所引起，就必須著眼於其他方式的介入。

第三章 腸胃

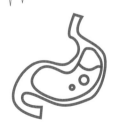

（一）胃食道逆流（咽喉逆流）

　　根據台灣本土的研究發現，胃食道逆流盛行率近十年來，逐漸追上歐美國家，發生率已明顯上升，盛行率達到 25%（平均 4 個人就有 1 人飽受胃食道逆流之苦）。除常見的火燒心，胸悶等症狀外，導致胃食道逆流的原因，其實是胃液往食道方向逆流而上；典型症狀為一週內出現 3 次以上的典型症狀：火燒心的感覺通常發生在飯後，因為胃中酸性內容物逆流，刺激位於胸口的食道、喉嚨；產生灼熱感；臨床上不少人會把火燒心的症狀誤以為是心臟出問題。

　　胃酸逆流是胃中未消化的內容物逆流回口腔或咽部，口腔會有異常的酸味；而胃食道逆流的非典型症狀雖不如上述常見，但非典型症狀也會影響進食，甚至睡眠，吞嚥困難。胃食道逆流長時間沒有良好控制，食道反覆發炎讓食道基底細胞增生，以致出現細胞壞死，食物因此不容易進入胃裡，產生吞嚥困難；在胃酸侵蝕下食道會逐漸失去黏膜保護的能力，繼而出現食道潰瘍。

　　胸口悶痛：不同於火燒心的灼熱感，雖然跟心肌梗塞，心絞痛的症狀表現雷同，但不同之處在於心臟造成的胸痛，通常需要緊急處置，但胃食道逆流造成的胸痛，多數可以藉由生活調適或服用制酸劑緩解。胃液過多的狀況下，會刺激胃壁產生胃灼熱的感受；此外慢性咳嗽、聲音沙啞、夜間容易氣喘發作，也要考慮胃食道

逆流。因為胃中內容物的酸性也會刺激到附近的喉部及氣管，出現各種上呼吸道的症狀；如酸液常刺激喉頭時，就容易產生較多分泌物導致咳嗽或沙啞；在有氣喘體質的人身上，會容易誘發氣喘。

總結胃食道逆流的臨床非典型表現：持續吞嚥困難或進食疼痛；容易刺激上呼吸道而出現嗆咳症狀；呼吸不順、缺氧。體重不明原因下降：醫師透過病史詢問及檢查來辨別是否為營養不良或其他疾病所致；胸痛加劇：若胸痛無法緩解，且疼痛轉移到其他部位，可能心臟或肺部出現問題。吐出血塊或排出瀝青色糞便：上消化道出血沒有馬上就醫，長期下來有可能會出現貧血。胃酸過多也是胃食道逆流成因之一，因此藥物治療的作用主要在於抑制胃酸。藥物出現治療效果一般約 3～4 週的時間。

常見治療胃食道逆流的藥物如下

制酸劑：胃食道逆流的症狀主要都跟胃酸刺激有關，因此治療症狀較輕微的胃食道逆流時，可使用制酸劑達到中和胃酸的效果。

H2 受體拮抗劑：H2 受體拮抗劑（histamine 2 receptor antagonist）能抑制胃酸分泌，降低胃食道逆流發生頻率及嚴重度，常當作第一線藥物。

氫離子幫浦阻斷劑：若 H2 受體拮抗劑一直無法改善症狀，可替換成氫離子幫浦阻斷劑（proton-pump

inhibitor, 簡稱 PPI）治療，氫離子幫浦阻斷劑藥效強於 H2 受體拮抗劑。

胃黏膜保護劑：胃黏膜被胃酸刺激時，就會產生疼痛。此類藥物服用後能覆蓋消化道黏膜表層，保護消化道免受胃酸侵蝕。

（二）大腸激躁症

腸道對壓力有較敏感的反應，無論緊張，壓力，抑或生氣、焦慮等導致情緒波動起伏過大，皆有可能造成腸道不適引發腹痛，時間久了轉成慢性，形成大腸激躁症（irritable bowel syndrome, 簡稱 IBS），腸躁症是長時間積累出來的，建議發現問題提早就醫，若病況較輕者可搭配飲食、運動、調整作息做改善。目前有許多腸躁症的病理機轉被提出，例如：神經或肌肉導致的腸道運動失調、小腸細菌過度增生、食物過敏、腸道微菌叢（microflora）、腸氣過多、自律神經失調、心理因素、黏膜發炎及壓力等，但這些機制都還未有研究可證實；可利用 Rome III criteria（羅馬診斷標準）；而 Rome III criteria 為現行主流，其內容為：腹部疼痛超過三個月，每個月超過三天，且合併有以下任兩項即可診斷為 IBS。

a. 通常腹痛在排便後有所改善（Improvement with defecation）。

b. 腹痛伴隨排便頻率之改變（Onset associated with a change in frequency of stool）。 c. 腹痛伴隨糞便形態或外觀改變（Onset associated with a change in form / appearance of stool）。

IBS 之腹痛主要以間歇痙攣疼痛（crampy pain）為主，通常藉排便可緩解，其嚴重度、型態、持續時間、位置卻差異很大，而情緒上的壓力、飲食本身也可能加劇 IBS 之腹痛。雖然 IBS 之腹痛型態變異性大，但出現警戒症狀時，應當考慮其他器質性疾病：①糞便潛血、②直腸出血、③貧血、④發燒、⑤體重減輕、⑥發炎指數上升，白血球增加、⑦近期使用抗生素、⑧具大腸癌、IBS、麩質不耐症（celiac disease）的家族史、⑨出現漸趨惡化之腹痛， IBS 可分為便祕型、腹瀉型或混合型。

便秘型 IBS 呈現堅硬、顆粒樣（pellet like）或塊狀型態（hard/lumpy stool），病患完全排空直腸後仍會感到排便不完全，排便頻率通常小於每週三次；腹瀉型 IBS 則呈現單次排便少，常見型態為鬆散或水瀉（loose/watery）或出現黏液樣分泌物，可伴隨大便次數增加、大便失禁，且排便頻率通常大於每日三次。

除上述慢性腹痛及排便形態或習慣改變外，IBS 也可能造成脹氣、產氣量增多、胃食道逆流、吞嚥困難、易飽足感、消化不良、胸痛；也有可能出現腸胃道之外的相關症狀，如性功能異常、性交疼痛、月經異常、頻尿等。

IBS 可藉減少飲食中的 FODMAP 改善；所謂 FOD-MAP(Fermentable Oligosaccharides Disaccharides Monosaccharides And Polyols) 指可發酵性短鏈醣類多元醇，可視為容易發酵的碳水化合物，若大量攝取甜味劑、乳製品、啤酒，容易在腸道細菌大量增生，改變腸道通透性與腸腔中的物質，造成腸腔膨脹並引起上皮細胞的損傷與發炎。常見富含 FODMAP 的食物如下：果聚醣或半乳聚醣類的寡糖類食物—包含小麥、洋蔥、大蒜、菊糖（存在於蘆筍、大蒜洋蔥、韭菜）、扁豆莢、豆漿、杏仁。乳醣類的雙醣食物—牛奶、優格。果糖的單醣類食物—玉米糖漿、蜂蜜、蘋果、梨子、西瓜等水果。多元醇類食物—有硬核的水果（如桃子、李子、櫻桃、蜜棗），蘑菇、花椰菜、甘露醇、木醣醇，這些多元醇為甜味劑，可能存在於低熱量加工食品，如：口香糖、清涼口含錠劑。

（三）便秘

便秘定義：

每個人的排便習慣都不同。排便次數由每日超過一次或兩天才一次都是正常的。但如果大便太硬，排便時須費勁或有困難，便是便秘。

便秘的成因：

長者腸道蠕動較慢，因此較易有便秘。飲水不足或

食物中缺乏纖維質，令糞便變得硬，較難排出。心理因素，如使用便盆椅、廁所不潔、情緒低落等。一些藥物如嗎啡類止痛藥、鈣片、利尿藥等。一些疾病如糖尿病及甲狀腺素過低。

便秘的影響：

便秘能引致腹痛、痔瘡、肛裂等。患有高血壓者排便時過分用力，會令血壓上升，甚至誘發中風。長期便秘也會令人情緒困擾以致抑鬱。

便秘的防治方法：

1. 多吃高纖維質的食物，每天要吃 3 ～ 4 份（4 個拳頭大）或以上蔬菜、兩至三份水果（如柳橙、梨等）。可選用高纖維的穀物類食物，如五穀雜糧、麥皮、紫米飯等。要有充足的水分，如開水、清湯、果汁。一般每天的建議量是 6 ～ 8 杯。

2. 每天有適量的運動，可協助腸道蠕動，應經常保持心情輕鬆，作息定時。

3. 養成定時大便的習慣。可在早上起來先喝水以增加便意，或在早餐後如廁。如長者需用便盆椅等，須注意安全和私隱，儘量令如廁不受干擾。

一般治療便秘的藥物都有一定的副作用，切勿胡亂使用，更不宜長期依賴。便秘在長者中較為普遍，但只要注意上述要點，養成良好生活習慣，也能令排便自

如。倘若大便習慣突然改變，甚或便中有血或黏液，均應盡早求診，因為這些可能是大腸癌的徵兆。

（四）消化性潰瘍、血便

人體消化道始於食道或口腔，終於肛門，長達數公尺，12 指腸附近分成上消化道及下消化道，約略在小腸的十二指腸和空腸交界處。

上消化道出血通常以柏油便或潛血來呈現，但在食道中若突然大量出血，也可能發生「吐血」的狀況，甚至會有便血出現。下消化道出血其實大都類似，僅在大腸的後半段（包含降結腸、直腸和肛門）出血，較會以便血呈現。

消化道出血原因很多，可能與腫瘤有關，也可能並非腫瘤導致。都是顯示消化道有病變的警訊，必須盡快接受必要的檢查，將病因釐清並接受後續處置。

以下介紹消化道出血病因：上消化道出血的常見病因以消化性潰瘍是最常見的，包括胃潰瘍及十二指腸潰瘍。肝硬化導致的食道及胃靜脈瘤出血，在台灣也不少見。胃癌潰爛也可能出血。其他病因包括：出血性胃炎、食道胃接合處黏膜撕裂（常因酒後劇烈嘔吐所致）等。下消化道出血的常見病因為痔瘡或肛裂所造成的血便，自己通常會明顯感受得到，例如好幾天沒上廁所，或者上大號時感覺糞便特別硬。這類出血狀況以擦拭屁

股時，衛生紙上有血居多，或者是糞便的末端會有血，且血色多半為鮮紅色。肛門口通常也會有疼痛現象。通常 2～3 天後，只要便秘情況減輕，出血情況也會隨之消失。

治療上通常使用痔瘡藥並建議溫水坐浴，若有需要也會開立軟便劑以軟化糞便硬度，促進排便順暢。不過肛裂若反覆發生，糞便的細菌容易造成肛門局部膿瘍，甚至產生令人擔憂的肛門廔管。一旦發生膿瘍常合併發燒，治療上也較棘手。

預防之道為減少便秘的情況發生。若是有大腸直腸癌家族史之高風險族群，建議 40 歲就提前做大腸鏡，或是家族中最年輕的大腸直腸癌患者發病年齡前 10 年，就開始接受大腸鏡檢查（如家族中最年輕的大腸直腸癌患者，發病年齡是 40 歲，那其他人 30 歲就可以開始考慮做檢查）。至於有家族性息肉症候群家族史者，由於可能在 25 歲前就早發大腸直腸癌，建議青春期過後就先做一次大腸鏡檢查。糞便潛血檢驗結果為陽性者，根據統計大腸直腸癌的比例約 10%、息肉為 20%，其他如大腸憩室發炎的機率較低，最多的情形是痔瘡。由於部份大腸息肉如腺瘤性息肉，日後可能產生癌變而進展為大腸直腸癌，因此若能定期做大腸鏡檢查、及早發現，便可趁早切除，以避免日後罹癌。

（五）噁心、嘔吐

嘔吐有一部分確實可能是因為腸胃機能受到影響，但其實和嘔吐最直接相關的，是中樞神經的腦幹。腦幹位於大腦和脊髓之間，許多運動及感覺的神經訊息，都必須經過腦幹來轉接。腦幹像中樞神經的訊號轉運站。此外腦幹能調控呼吸、心跳、咳嗽等重要生理機能及反射，也因此腦幹被認為是「生命中樞」。平常聽到的「腦死」其實是「腦幹死亡」，醫師在判定腦死時其實主要就是判定腦幹的反射還存不存在。此外腦幹結構中有可以刺激嘔吐反應的地方叫做嘔吐中樞。而嘔吐中樞靠著各類刺激來向腸胃道發出嘔吐訊號。其中化學受器觸發區（chemoreceptor trigger zone）和前庭系統，是主要的嘔吐刺激來源。而嘔吐也不一定都是不好的，許多狀況下嘔吐其實是一種身體的保護機制喔！

化學受器觸發區：可以接收來自腸胃道的刺激，如胃部擴張過大（食物吃太多）、腸胃道黏膜感染，急性腸胃炎等。化學受器觸發區上的神經接受器，在接收到這些腸胃刺激後，便會產生嘔吐的訊號，傳遞至腸胃道。如果人類意外食入有毒物質，或是接受化療時，都有可能會刺激化學受器觸發區上的神經接受器，產生嘔吐反應。

前庭系統：前庭系統的生理運作，讓我們隨時隨地能保持自己的平衡及方向感。此外前庭系統也有類似能

產生嘔吐訊號的接受器。一旦前庭系統沒辦法正常掌握我們的平衡及方向感時，就會感到頭暈或暈眩，進而產生噁心想吐的感覺。例如常見的「暈車」和「暈船」過程中，伴隨的嘔吐症狀，就可能是前庭系統所造成的。

嘔吐可以粗分為腸胃問題引起的、非腸胃問題引起的嘔吐，不過腸胃問題引起的嘔吐也不一定是腸胃炎，消化道的任何問題都有可能刺激腸胃的感覺受器，引起嘔吐；而嘔吐是經由中樞神經控制的，所以關於內分泌、腦神經系統的問題，也可能傳輸「嘔吐」的訊息給中樞神經。

刺激腸胃引起的嘔吐

腸胃炎：俗稱腸胃型感冒的病毒性腸胃炎、細菌性腸胃炎（最常見），腸病毒，食物中毒，吃太飽／吃太油膩，胃食道逆流，消化道的潰瘍：食道潰瘍、胃潰瘍、腸潰瘍，消化系統的發炎：膽囊炎、肝炎、胰臟炎、脾臟腫大，腸道阻塞：便秘、大腸息肉，幽門狹窄／賁門閉鎖不全，藥物副作用／化療副作用／藥物中毒，非刺激腸胃引起的嘔吐原因，代謝性／內分泌疾病，內分泌失調，高血壓，糖尿病，甲狀腺功能異常，酒精中毒，中樞神經疾病，腦部傷害：外傷、腦膜炎、腦瘤，偏頭痛，暈車、暈機等暈眩症，其他，焦慮、緊張、壓力大，中暑，青光眼，孕吐等。

大部份的嘔吐都是腸胃問題，可以直接掛腸胃科，

但如果有伴隨其他症狀，像是有劇烈的頭痛、頭暈、脖子僵硬，甚至是意識錯亂，可能是急性腦膜炎，可以掛神經內科做診斷。如果感覺眼壓高，可能是青光眼造成，就需要掛眼科，如果不知道是什麼問題，也沒有其他腸胃的症狀，就可以懷疑是代謝性、內分泌的疾病，或是感覺中暑、焦慮時可以考慮掛家醫科做診斷。孕吐則可以掛婦產科，請醫師協助緩解症狀。不過身體有自然修復的機制，如果嘔吐只是偶然、暫時性，也沒有伴隨像是發燒、拉肚子、肚子脹痛等其他症狀，例如像是吃太飽之後的嘔吐，其實不用特別看醫生，但如果症狀持續4~6小時以上、甚至好幾天，或是嘔吐物中有膽汁、血塊，可能是消化道出血要儘速就醫。另外雖然吃太飽會想吐，但如果每次吃完飯都會想吐，就算減少飯量也會想吐，可能還是有胃方面的問題，像是胃輕癱、賁門閉鎖不全。原因包含：腹部和骨盆腔的器官問題：許多腹部病症都會造成噁心，大部分的腹部疾病都源自於病毒感染（即腸胃炎，Gastroenteritis）。肝炎 (Hepatitis)、胰腺炎 (Pancreatitis)、胃食道逆流 (Gastroesophageal reflux，GERD)、腎臟發炎、膽囊出問題、便祕、月經，或腸胃道、腸胃道黏膜、闌尾等骨盆腔器官受到拉扯和阻塞等刺激，都有可能導致噁心。

腦部和脊髓液問題：噁心是偏頭痛 (Migraine headaches)、頭部外傷、腦瘤、神經瘤、中風、腦內或腦部周圍出血，和腦膜炎 (Meningitis) 的常見併發症狀。

內耳平衡中心問題：內耳病毒感染（內耳迷路炎，Labyrinthitis），或暈眩 (Vertigo)、陣發性位置性眩暈 (Benign positional vertigo)，和動暈症 (Motion sickness，由搭乘車輛、船隻、火車、飛機等其他刺激)，也都有可能造成噁心。

其他可能原因：當青光眼 (Glaucoma) 導致眼球後方的神經受到壓迫、身體感到疼痛、有嚴重情緒困擾，或大腦接收到令人不適的畫面、氣味刺激，都會造成噁心。

體內化學物質變化所產生的副作用：

- 荷爾蒙：約有 50% 女性在懷孕初期有孕吐現象，噁心也是服用避孕藥常見的副作用。

- 藥物：處方藥、成藥和草藥，都可能有噁心的副作用，尤其是當同時服用多種藥物時，化療藥物及抗憂鬱藥物都經常導致噁心。

- 低血糖。

- 酒精作用：酒精中毒、宿醉，或酒精戒斷都會造成噁心。

- 麻醉：在手術後醒來，或麻醉後的恢復期感到噁心。

- 食物過敏、食物中毒：當身體受到細菌感染，刺激的毒素會導致噁心，甚至腹絞痛。

小叮嚀：

1. 少量多餐，飲食內容多樣化，並且避免一次進食過多、過飽。2. 食物的溫度要適中，避免過冷或過熱。3. 細嚼慢嚥，要有充分的時間進食，以幫助消化。4. 攝取清淡溫和飲食，避免甜食、油炸、油膩、高鹽份及含香料和刺激性食物。5. 化學治療前保持空腹。6. 飯後兩小時內不要立即躺下，避免消化不良導致胃部不適。7. 保持室內空氣新鮮流通，避免特殊的氣味刺激。8. 避免接觸刺激性的味道，如香水、廚房油煙。9. 若出現噁心情形時，試著以深呼吸的方式來緩解。10. 藥物滴注期間，盡量放鬆心情，可以利用聊天、看電視、聽音樂、閱讀等方法來轉移 注意力，減輕噁心感。11. 嘔吐後請維持口腔清潔，避免嘔吐物殘留口腔內，並更換污染的衣物及床單，減少任何造成感覺不佳的氣味。12. 嚴重嘔吐之病人，宜多補充鈉、鉀高的食物（如：香蕉、柳橙、葡萄乾）。

（六）傳染性腸炎 (contagious enterocolitis)：腹痛、腹瀉

傳染性腸炎可由多種細菌、病毒或寄生蟲等引起感染而致病。

常見細菌部份包括：沙門氏桿菌 (Salmonella)、志賀氏桿菌 (Shigella)、大腸桿菌 (Escherichia coli)、曲狀桿菌 (Campylobacter)、梭狀芽胞桿菌 (Clostridium) 等。

常見病毒部份包括：腸病毒(Enteroviruses)、輪狀病毒(Rotaviruses)、諾瓦克病毒(Norwalk-like virus)、諾羅病毒(Norovirus)、腺病毒(Adenoviruses)等。

常見寄生蟲部份包括：梨型鞭毛蟲(Giardia lamblia)、人芽囊原蟲(Blastocystis hominis)、隱孢子(Cryptosporidium)、阿米巴原蟲等。

傳染性腸炎好發於夏季，近年來國人旅遊頻繁，相關的地區流行疾病，如：傷寒、副傷寒、霍亂、桿菌性痢疾及阿米巴痢疾等，多發生於環境衛生不佳的區域，故前往旅遊時應特別注意飲食、飲水及個人的衛生習慣。而病毒性腸胃炎則遍布世界各地，且可能有季節特性，如諾羅病毒通常發生在冬季和春季，但腺病毒則是整年都有可能發生。因為任何人都可能經由污染的飲食遭受傳染性腸炎病原感染。另外，經由不安全性行為，如肛門性交或口交而引起之傳染性腸炎個案也越來越多。故感染鏈的阻斷是遏止感染症散布之重要法則，採取標準防護及接觸隔離、落實正確手部衛生、適當環境清潔及消毒，注意飲食及飲水安全及保持良好個人衛生習慣，才可以減少發生傳染性腸炎的機會。

(七) 胰臟炎

急性胰臟炎可因酒精、膽結石、高血脂、外傷、病毒感染等原因而引起，其中前兩項即佔了百分之九十，

致病機轉可歸於胰液的大量分泌及出口處之阻塞，導致胰臟酵素進入胰組織內造成自我消化作用及急性發炎，由於胰臟的自我消化而產生胰臟及鄰旁的組織產生壞死，釋出 kinins 及 proteases，造成腹膜炎、休克及多重器官衰竭等。急性胰臟炎三天內造成的死亡，起因於過多的發炎物質，這些發炎物質導致血管通透異常、各器官功能失常等；而三到七天以上的死亡，則起因於長時間禁食與過量的發炎物質，使腸道細菌移行 (bacterial translocation) 到血液，造成全身性感染。臨床表徵：病人會呈現嚴重腹痛、腹漲、反胃、噁心及嘔吐等現象，其血中的澱粉酶、脂肪酶在最初幾天會明顯昇高，且血糖及三酸甘油酯也會昇高，但血中鈣離子濃度則會下降（脂肪酸與游離鈣離子會沉積）。

急性胰臟炎的嚴重度可在最初發病住院的前兩天，根據 Ranson 的標準判定，如 Ranson 指數大於或等於三分，或 APACHE II 指數大於或等於八分，可屬於嚴重急性胰臟炎。

治療原則：

急性胰臟炎的治療包括體液及電解質的平衡，抗生素及止痛劑的給予等，大多數屬水腫的急性胰臟炎，其症狀可在數天內得到改善，而一週內恢復進食，不過如果病人罹患壞死性嚴重胰臟炎，則其腹膜炎、腸麻痺及

全身發炎反應現象會持續一段時間,更嚴重者會造成多器官衰竭而導致死亡。

內科保守治療:

1. 暫時禁食 (NPO) 和 / 或鼻胃管減壓(若病人有噁心、嘔吐時建議放置)。

2. 靜脈輸液支持療法 (fluid resuscitation):要盡力灌到尿量 (urine output) 有 0.5 mL/kg/hr,可以給到 250~500 mL/hr,或是一天至少 3000~4000 mL,lactate ringer 中含有 lactate 和 Ca,除非病人合併高血鈣,用 LR 會比 normal saline 好。

3. 症狀治療及疼痛控制。

4. 針對重度胰臟炎病患儘早給予營養支持(因為會需要長時間禁食),而輕度中度的胰臟炎,則是盡早安排腸道營養(以減少腸道細菌移行 (bacterial translocation))。5. 若胰臟 > 30% 壞死、長時間禁食時,必要時使用抗生素(如:Imipenem、Meropenem 等)以減少感染 (bacterial translocation);不建議使用 Ertapenem,其在膽道、胰管的通透性沒有其他 Carbapenem 好。

侵襲性的治療:

1. 膽源性胰臟炎者,需要進一步治療膽道結石(如:膽囊切除術、內視鏡逆行性胰臟膽管攝影合併截石術等),以免再發。一般建議在急性胰臟炎緩解後,進行

膽囊切除術，以避免復發。

2.嚴重感染性壞死性胰臟炎：可評估考慮經皮導管引流術、手術開刀引流術、壞死性胰臟炎擴清術等。

3.胰臟膿瘍：可評估考慮經皮導管引流術、手術開刀引流術等。

慢性胰臟炎：病人經過一次或多次急性胰臟炎後，會變成慢性胰臟炎，其主要症狀為上腹疼痛及脂肪性腹瀉，病人因進食不夠而漸形消瘦，因大多數之病人仍可由口進食，故仍可給予低脂肪飲食或加元素飲食輔助，可給予止痛藥及口服的胰臟酵素來減輕其疼痛和改善其脂肪性腹瀉。

（八）膽囊炎、膽囊結石

膽囊位於腹部的右上方，是肝臟後方的一個囊狀構造，專門用來貯藏膽汁。肝臟每天分泌 500 到 1000 毫升的膽汁，經由肝內膽管的運送，被儲存在膽囊，濃縮後大約有 50 毫升。膽汁的作用是用來將食物中的脂肪乳化，促進脂肪的吸收。為了將膽汁排出到腸胃道，進而幫助脂肪的消化與吸收，膽囊藉由肝外膽管連接到十二指腸，接口處有一個叫做歐蒂氏括約肌 (Sphincter of Oddi) 的肌肉，就像是控制開關一樣，透過肌肉的放鬆與收縮，可以調整進入腸胃道的膽汁量。因此，當我們吃下含有脂肪的食物時，膽囊會收縮加上歐迪式括約

肌放鬆，膽汁就會進到十二指腸，幫助脂肪吸收；膽囊炎以膽結石是最常見的原因。

　　膽囊炎就是膽囊發炎，又可以分成急性跟慢性，如字面上的意思，這篇文章主要著重在急性膽囊炎。急性膽囊炎大部分是膽結石造成的（佔了 90% ～ 95%），非膽結石原因則佔剩下的 5% ～ 10%。膽囊中包含的不只有膽汁，還包含膽固醇、鈣質、蛋白質等物質，而膽結石就是這些成分所組成的沈積物。膽結石因為體質、先天、飲食、環境、疾病等關係，已開發國家中在大約 10% ～ 15% 的人身上會發現膽結石，但大多數人終其一生，都不會發生症狀。但是如果膽結石變得太大，或者運氣不好掉下來，阻塞了膽管的時候，就可能造成膽汁淤積在膽囊裡面，而造成膽絞痛（biliary colic），膽囊持續收縮想把膽汁送進腸道，但是膽管卻被結石塞住，或因為其他原因無法暢通，這時候就很可能會發展成膽囊炎。

　　其他非膽結石的原因包括：外力刺激、感染、腫瘤、缺血等；膽囊炎最典型的症狀是肚子痛，正式名稱是膽絞痛（biliary colic）。患者會感到突然間、嚴重、上腹部的悶痛，通常是右上腹痛，也可能以廣泛的上腹痛、胸痛來表現，有時甚至會痛到右後背肩胛骨的區域。急性膽囊炎為了避免嚴重的併發症（比如腹膜炎）發生，最重要的就是早期診斷、早期治療。

　　急性膽囊炎的治療可分成保守治療、手術治療和膽

囊引流；其中只有手術治療是可以治本、根除膽結石的
方法，也是目前在台灣最主要的治療方式。

　　膽囊炎的保守治療：如果患者的狀況不嚴重、不適
合手術，或者是不希望手術時，可以考慮採取保守的治
療方式；最常見的保守治療方式有：禁食：使腸胃道充
分休息，以免膽囊又開始分泌膽汁而收縮；靜脈點滴：
給予水分及營養補充；止痛藥：作為症狀治療；抗生素：
治療或預防感染。

　　容易形成膽結石的原因，包括體質、有遺傳家族史
傾向、懷孕、經常節食快速減肥，或習慣久坐不動等生
活型態、喜歡吃大量含脂肪和糖份的飲食，干擾膽汁濃
度平衡。

　　膽結石的好發族群為 4F，第一個 F 是大於 40 歲
（Forty）、第二個 F 是女性（Female）、第三個 F 是肥
胖（Fat），第四個 F 是多產（Fertile）；膽結石發作的
特徵：

　　1.右上腹疼痛甚至輻射到右肩、後背：因為膽結
石會掉到不同的地方，因此疼痛感也會不同，甚至還會
發生傳導痛；如，因膽囊位於右上腹，因此初期的症狀
可能是右上腹脹痛及絞痛，也可能由右上腹傳導痛到右
肩，以及中間的後背疼痛，尤其當併發胰臟發炎時，後
背會非常疼痛。

　　2.大餐後疼痛、半夜疼痛：膽結石疼痛初期常難以

和腸胃潰瘍分辨，比較明顯的差異是，十二指腸潰瘍的疼痛常是在飢餓時更為疼痛，而胃潰瘍及膽結石則通常是在大餐後疼痛。膽結石另一個特點，是可能在半夜痛醒，因為睡覺躺臥，膽結石會掉到膽囊底部的膽囊管，所以急診常在半夜接獲急性膽囊炎病患，例如深夜的疼痛也可能來自於十二指腸病灶。因為胃鏡的檢查可以直接觀察到胃或十二指腸球部等，潰瘍較易發作的地方，所以多半會先做胃鏡診斷。

膽囊結石引起急性膽囊炎時，除了右上腹痛外，還可能引起發燒、噁心、嘔吐等症狀；若是阻塞總膽管，還可能發生黃疸以及茶色尿等現象；嚴重感染可能引起敗血症，所以一旦有腹痛、發燒、黃疸等現象應儘速就醫治療。

（九）肝功能異常

肝臟是進行脂肪代謝、游離脂肪酸氧化和利用的重要器官，也是脂蛋白、大部分載脂蛋白的主要合成、分泌、降解及轉運場所。肝臟生病時可引起血漿總脂肪酸濃度下降和多鍊不飽和脂肪酸缺乏，血漿游離脂肪酸及三酸甘油酯增高，過量的三酸甘油酯則以脂肪小滴形式貯存，從而導致脂肪肝。可引起肝疼痛或叩擊痛等；肝功能異常可導致白蛋白合成異常，白蛋白低，血液的膠體濃度下降，血液中的水分透過血管進入組織中，嚴重

時導致腹水、四肢水腫等。

　　肝功能異常有什麼症狀？肝功能異常導致凝血因子合成異常，可致牙齦出血、流鼻血等出血傾向。激素代謝異常，可致性慾減退、男性乳房發育、女性月經失調、皮膚小動脈擴張，出現蜘蛛痣、肝掌、臉色黝黑等；脂肪代謝異常可形成脂肪肝。

　　肝功能異常的症狀全身表現：乏力易疲勞是最常見的症狀。多是由於肝細胞損害，導致血清轉氨酶等酶類增高，而膽鹼脂酶降低所致，也可能是由於食慾下降、飲食減少、營養不良等引起。

　　肝功能異常的皮膚症狀表現：有些病例可出現肝病面容、粗糙、唇色暗紫等；還可引起顏面毛細血管擴張，蜘蛛痣及肝掌，有些病人可能有脾腫大。

　　肝功能異常的症狀消化道表現：食慾下降；消化功能異常，致食慾減退、厭油膩、噁心、嘔吐、腹瀉或便秘等症狀。肝功能異常可引起膽色素代謝異常，可致黃疸，主要症狀表現為皮膚、鞏膜等組織的變黃，黃疸加深時，尿、痰、淚液及汗液也變黃。

　　肝功能異常可引起營養代謝障礙：維生素類代謝異常，各種維生素的缺乏可致皮膚粗糙、夜盲、唇舌炎症、浮腫、皮膚出血、骨質疏鬆等；糖類代謝障礙，可致血脂含量改變，膽固醇合成及酯化能力降低。

　　台灣地區民眾其導致肝功能異常的原因有四大類：

1.病毒性肝炎：目前在臨床上已可以確認的病毒性肝炎有六種：A 型、B 型、C 型、D 型、E 型及 G 型肝炎，其中 A 型肝炎及 E 型肝炎，主要是經由胃腸道感染，即經由不潔的飲食及飲水而感染，但罹患者不會衍生慢性肝炎。而其餘的 B 型、C 型、D 型或是 G 型肝炎是經由打針注射或輸血的途徑感染，其中在感染 B 型肝炎病毒中，有 15 至 20% 左右會成為慢性帶原者，而帶原者中有 10% 會衍生慢性肝炎，而在慢性肝炎罹患者中有 5% 會演變成肝硬化及肝癌。根據台灣醫院對於肝硬化罹患者的長期追蹤檢查中，發現肝硬化罹患者中有 7% 衍生肝細胞癌。因此，B 型肝炎的防治工作是台灣地區公共衛生的一大課題。台灣地區 C 型肝炎帶原者約有 30 萬人，其慢性率亦高達 60%，也是形成肝硬化及肝癌最常見的原因之一。而 D 型肝炎必須同時或重覆感染在 B 型肝炎帶原者身上，而 B 型肝炎帶原者一旦感染 D 型肝炎，亦會加重原有肝疾病的惡化。

2.酒精性肝疾病：在國外，酒精是導致肝功能異常最主要的原因；而近年來，由於台灣經濟繁榮，人們應酬喝酒的機會亦增加，在臨床上亦不乏有因長期多量喝酒而導致肝功能異常的罹患者。酗酒所導致的酒精性肝疾病，在初期是以「脂肪肝」的型態出現（脂肪顆粒異常囤積在肝細胞質中的現象），稍後肝細胞小葉中出現炎症細胞的破壞，而進入酒精性肝炎的階段；而在酒精性肝疾病的後期，由於大量的細胞已壞死並被膠原纖維

所取，而使得肝臟進入肝硬化的不可回復的階段。

3. 藥物中毒性肝炎：90% 的藥物都在肝臟中進行新陳代謝，而某些藥物長期的使用亦會造成肝細胞輕度的傷害，更何況國人有隨意服成藥的習慣；因此，在臨床上亦存有為數不少的藥物性肝炎。

4. 脂肪肝：超音波掃描是診斷脂肪肝的工具、而僅有 20% 的脂肪肝罹患者之肝功能是異常的；因此對於某些類似脂肪肝罹患者，如過度肥胖、酗酒、高三酸甘油脂血症、糖尿病、過度營養缺乏、慢性心臟衰竭等，不妨建議其進一步接受超音波掃描，以期篩檢出潛在的脂肪肝。

（十）盲腸（闌尾）炎

盲腸炎可能出現的症狀包括：右下腹突然發生疼痛，從肚臍周圍突然發生的疼痛，並會漸漸往右下腹方向移動，咳嗽、行走或身體有大幅度的動作時，疼痛會更嚴重，噁心、嘔吐，沒有食慾，隨著疾病發展，可能出現發燒症狀，便秘或腹瀉，腸胃脹氣、下腹部鼓脹，當手去按壓腹痛部位再放開，會感覺腹部更加疼痛；患者常出現 37 ～ 38℃的發燒，一旦發燒超過 39℃，就進入高度危險的時期，可能出現穿孔性腹膜炎或形成腹內膿瘍，應盡速就醫。

盲腸炎（闌尾炎）的 4 個典型的症狀：

1. 腹痛：通常為無預期的突然腹痛，大部分會先從上腹部（肚臍以上）或肚臍周圍開始痛，再轉移至右下腹部痛，約 2/3 的闌尾炎病人發病過程都是如此。

2. 噁心、嘔吐、胃口不佳：大約有 50% 的病人會出現嘔吐症狀，且常見於飲食過後。也有很多病人無嘔吐現象，卻感到噁心或沒有食慾，如果還伴隨腹痛，就需懷疑是否為闌尾炎。

3. 輕微發燒，且會隨病程惡化：闌尾炎初期通常沒有發燒症狀，但經常在 24 小時內開始發燒，若懷疑有闌尾炎，應該每 2~3 小時就測一次肛溫，如果體溫逐漸上升，很可能是急性闌尾炎。若是一開始腹痛時就有發燒或畏寒現象，較不像闌尾炎。

4. 便祕或偶有腹瀉：約有 10~20% 的病人會出現便祕或腹瀉的狀況，便祕較常見，若是很明顯的腹瀉，則可能不是闌尾炎。

引發盲腸炎的原因有很多，多數為細菌入侵感染造成的發炎，常見的致病原因有以下六種：闌尾的循環不佳、被糞便、食物殘渣等阻塞、糞便中的細菌或病毒入侵、淋巴組織過度增生，寄生蟲入侵闌尾、生活習慣不佳、須時常喝酒應酬，以及壓力。

雖然目前無法確切得知引發盲腸炎的具體原因，但

醫學意見認為有可能是闌尾的循環不佳、室腔阻塞所造成；一旦闌尾黏膜所分泌的黏液無法排出，腸腔內的壓力就會逐漸升高，此時就容易受到糞便等包含的細菌入侵，使得闌尾腫脹不堪，進而壞死。其中生活作息不佳、常常需要熬夜應酬，與處於高壓環境的人最容易導致盲腸炎。

第四章
淺說運動傷害與習習相關的肌肉與筋膜

　　何謂肌肉筋膜解剖的深前線及淺背線？解剖學已經發現身體的各內臟、肌肉與脂肪間，器官與體表之間充滿結締組織。醫學生在學習解剖課時，老師總會教導剪斷或剔除之，才能看的到血管、神經；但最近西方醫學卻提出新的看法，認為這些肌肉與肌肉之間、內臟器官與器官之間，表面包覆的膜狀結締組織，其實是有生理功能的，包括：胸腔的心包膜、肋膜、腹腔內的腸繫膜、大網膜、小網膜等，其實都是獨立的器官！西方醫學在解剖學上的觀點：這些膜狀「組織」升格「器官」之後可能要重新改寫，在筋膜連通的紋理上，卻也和中醫經絡有高度相似性，至此中醫、西醫可謂在疼痛的機轉上有所相同，且讓中國傳統醫學不再是神祕的醫療方式。

■ 肩頸痠痛、下背痛

　　人的肩胛骨有四條不同的肌肉及韌帶，共同組成肩部旋轉肌袖附著於肩關節，可以牽引及旋轉手臂做任何精細動作，維持肩關節穩定度等。

　　肩頸痠痛、下背痛（low back pain）可能是肌肉或筋膜受損：肩頸疼痛慢性化、手無法舉過肩，關節活動受限，最有可能的原因如下：1.工作姿勢長期不良，2.外傷導致慢性化發炎，3.與職業有關的傷害（長時間搬重物，舉手過肩取物），違反人體工學；以下簡單介紹一些疾病：

（一） 五十肩又稱冰凍肩

五十肩又稱冰凍肩，肩關節的軟組織和關節囊受傷發炎，肩關節與周圍的肌肉群是解剖構造最複雜、且全身活動度最大的部位。肩旋轉肌袖病變是肩關節周圍肌肉、韌帶、滑囊、關節囊等組織退化、受傷或病變，而引起的關節囊慢性炎症，因患病部位牽涉關節周圍，亦稱肩周炎，以女性患者居多，又因臨床統計平均約五十歲上下發病，故俗稱五十肩。致病原因尚不明瞭，推測可能與肌鍵炎、肌腱老化、外傷骨折及特定疾病等因素有關。五十肩依其病程可分為疼痛期、冰凍期和緩和期三個時期。

原發性五十肩原因未明，通常與年齡老化有關，年紀越大肩部肌袖的磨損越嚴重，因為修復力也變差，肩關節受傷或退化之後所需的復原、因為發炎後的軟組織纖維化，修復需要時間更長，連帶影響肩關節機能。

次發性五十肩的原因與外傷或慢性疾病有關，如；頸椎長骨刺、肌腱炎、肱骨骨折或脫臼病史，及糖尿病、腦中風、心肌梗塞，因腫瘤開刀等因素導致患者下意識減少肩膀活動，久而久之肩關節囊便容易病變退化，黏連、僵硬。其他原因還有先天肩峰構造異常、舉手動作讓旋轉肌撞擊肩峰下緣，加速肌袖磨損。

肩膀過去曾受過傷，如車禍撞擊、高處跌落，骨折或脫臼、各種運動傷害、或過度負重造成的職業傷害

等。突然地用力過猛或活動姿勢不正確，也會引起軟組織受傷，纖維沾黏經年累月的發炎，會使肩關節活動度（Range of motion, ROM）受限、手舉不高，有時候手舉高還會疼痛；肩關節沾黏性關節囊炎，依病程大致可分三階段：急性發炎期、沾黏期、緩解期。

症狀包括：肩頸部疼痛、肩膀僵硬、手臂抬不起來、女性扣不到內衣，梳頭、或伸手拿東西也有困難！肩關節在某些角度的活動度受限等。此外患者夜間睡覺時疼痛感會更為劇烈。如有肌腱炎或其他肩痛症狀應及早就醫治療，避免演變成五十肩。若因住院開刀、骨折造成肩膀活動不易，也要每日勤於復健，保持肩膀的靈活度；生活中無法避免重複旋轉前臂、伸屈肘腕關節的單一動作，如：家庭婦女、水電工、廚師、電腦打字員等，可於忙碌之餘自我按摩或熱敷前臂與手肘。

肩膀持續疼痛：職業需要提重物、外力創傷、或運動不慎扭傷肌肉，都會引起肩關節疼痛，如果休息 14 天後，疼痛仍沒有逐漸緩解，就需要找出原因；夜間無法側睡，晚上睡覺時無法朝疼痛側手臂方向側睡；事實上五十肩在醫療領域中，有很明確的定義，俗稱「冰凍肩」，指的是肩關節發生沾黏，導致整個肩膀活動的角度受限，而且可能伴隨程度不一的疼痛。

冰凍肩致病機轉，在於前臂伸肌肌腱過度使用，導致肌腱與肌肉附著處損傷發炎，周圍組織的肌纖維細胞退化或沾黏，最終造成肌腱不堪使用，影響前臂和手腕

伸展功能。病程發展可分為四個階段，第一階段是明顯傷害所引發的發炎，第二階段是長期反覆受傷，所引發的非可逆性肌腱病變，第三階段肌腱出現局部斷裂、纖維化或鈣化，第四階段則是持續惡化，導致肌腱完全斷裂。

2. 好發族群

工作或生活中頻繁使用到上臂肌肉、肌腱的人，如搬運工、建築工，前臂需用力旋轉的運動員（棒球投手、保齡球選手、網球選手等）、整天提公事包的業務員、手腕反覆前彎，施力吹髮等動作的美髮師，以及頻繁使用手部工作的家庭主婦、電腦文書處理員等。

3. 建議與治療

若肩關節腔的發炎明顯時，配合口服消炎止痛劑，則可減輕患者的疼痛，並可使肩部的復健運動進行較得為順利。然而有部分患者的疼痛及關節受限十分明顯，此時可在關節內注射低劑量的類固醇藥物，往往可以大幅降低患者的痛苦及關節的攣縮情況。甲狀腺疾病，或頸（脊）椎病變後二個月內算急性期，可以先冰敷疼痛處。6週後屬於慢性期，可以用熱毛巾熱敷，加上物理治療的拉筋療程，可有效緩解肩部筋膜沾黏。

（二）肱骨上髁（讀ㄎㄜ）炎

1. 肱骨內上髁炎

肱骨內上髁是前臂總屈肌與肱骨的附著處，在這裡有前臂橈側屈腕肌、尺側屈腕肌、旋前肌、掌長肌、指淺屈肌等六條屈腱，富含許多感覺神經末梢，當某些動作過度屈伸手腕及旋轉前臂，或手部施力不當、反覆用力過久等，都可能拉扯到前臂屈腕肌群，導致附著肱骨內上髁的肌腱慢性損傷，引發炎症。有時遭受猛烈撞擊，或突然間放下重物時肌肉強力離心收縮，也可能造成內上髁炎。特別是平日缺乏運動者，腕與肘部的筋骨柔韌度不足，很容易發生扭傷，這些都會造成肱骨內上髁慢性發炎病變。學習使用正確的手部姿勢，重物應以雙掌朝上來搬運，盡量不手掌朝下去提起。

病程發展與肱骨外上髁炎類似，最後都可能導致肌腱纖維化與鈣化，變得脆弱易裂。而因為屈肌腱連結手肘到手腕，因此這一帶都會產生痠、痛和無力感。

造成高爾夫球肘常見的原因除了打高爾夫球運動傷害外，任何過度使用腕部和前臂肌肉的動作，如棒球投手、打保齡球、橄欖球等運動，以及肉販、木工、家庭主婦、電腦打字員等工作，都可能促成慢性勞損累積，引發內上髁病變。

2. 肱骨外上髁炎

肱骨外上髁炎因為在網球選手身上很常見，因此又稱網球肘，但並不局限於運動員，任何活動需要大量使

用前臂伸肌腱的活動，長期下來若沒有適度休息都可能積勞成疾，在慣用手引發肱骨外上髁炎。

從事建築木工、搬運裝修、烹飪、家庭主婦等職業的人也很容易發生；如刷油漆、打網球、釣魚、舉重等手臂高舉過頭的出力動作，或重複擰毛巾、拖地的家庭主婦，類似的還有經常外展前臂敲打鍵盤、使用滑鼠的上班族。其他危險因子包括：年齡、肌腱韌性與耐力降低，吸菸等；另外運動姿勢不良，直接造成患部受傷發炎、挫傷、骨折、脫臼等，也會導致肱骨外上髁炎。

如果疼痛病症是出現在肘部關節內側的，則為肱骨內上髁炎，或稱高爾夫球肘；臨床症狀最明顯的就是肘部關節外側感覺痠痛，當手部提、握或拉重物時痛感加劇，並會延伸至整個前臂外側，更有甚者肘關節可能變得無力而且僵硬，嚴重到日常生活中的持筷、拿杯子、擰毛巾、開門、握手及寫字都有障礙。

3. 依其病程可分三個時期：

（1）疼痛期（急性發炎期）：這個階段，患者的痛楚在運動和夜晚睡覺時較為明顯，放射性的疼痛可能往上擴及頸部、耳部，亦往下蔓延至上臂及手肘，持續約兩個半月至八個月不等。

（2）冰凍期（沾黏起始期）：疼痛感稍緩但仍存在，肩部活動角度更為受限，特別是上舉、外展和內收等動作，如梳頭、穿脫衣、扣背鈕、或洗臉刷牙等，可持續

約四個月到一年不等。

(3)解凍期（舒緩期）：痛感幾乎消失，但肩關節活動度受限加劇，多數患者手部動作無法過肩，長達一至三年以上。

4. 建議與治療

平時多做一些伸展手腕及前臂的體操，一方面可舒緩長時間固定的姿勢，一方面可鍛鍊上肢肌力與韌性。

治療上多採物理運動的復健方法，如：手指爬牆運動、鐘擺運動等，強化患者肩部肌肉力，或透過熱敷、短波、超音波療法，減輕肩關節周圍軟組織的疼痛感。

在西醫觀點裡，疼痛是第五個生命徵象（vital signs），去除疼痛是提高生活品質的手段，找出病因加以治療，如復健、手術等。中醫對肌肉筋膜疼痛的定義雖不同，但引起原因卻與西醫相同，生活型態、不良的姿勢和老化，運動傷害；纖維肌痛症、拉傷、扭傷、挫傷或脊椎骨骨折（骨質疏鬆是最常見的原因）；在醫學上急性期（72 小時以內）冰敷、慢性期熱敷與復健科物理治療，中醫有整骨整脊、推拿、針灸等。

自我診斷方式是做旋臂屈腕測試，將前臂往外旋，腕部微彎，肘部伸直，如果這時手肘出現疼痛，即可能罹患肱骨外上髁炎，可至醫院專科接受核磁共振掃描或軟組織超音波檢查加以確診；治療上會先採休息、冰敷消腫、熱療或電療等物理治療及運動，並配戴護肘護具

等方式，疼痛較嚴重者，可考慮局部注射（增生療法）。

（三）西方醫學最近的一些肌（肉）筋膜的概念

1. 肌筋膜

肌筋膜（肌肉筋膜、肋膜、臟層壁膜等人體一切膜狀組織總稱），肌（肉）筋膜是人體內的軟骨架，緻密懸繫各臟器、肌肉束與束之間，小至肌纖維與纖維之間，又有人稱奈米筋膜，不管大、小筋膜都有感覺神經，所以拉傷、扭傷有時候除了痛，也會因淋巴球聚集而腫脹，也由微血管供應養分，排出 CO_2，因此肌筋膜密度和神經系統、循環系統一樣布滿全身。

另有一說法認為肌筋膜是身體最大的感覺受器；膜內的感覺受器比肌肉更多，因此扭傷的疼痛訊號，不只肌肉，更多痛感來自膜上的接受器。肌筋膜的細胞訊號（cell signaling）也可以影響細胞新生、重塑與凋零；從中醫觀點來看，肌膜沒有起點，亦沒有終點，身體主要的大肌筋膜雖然分別走向特定方向，但貫穿全身其間又（會）彼此相生相連，膜張力可因動作姿勢改變而改變，因此腹腔或骨盆腔手術後若感染或發炎，腹痛檢查出來的原因常是腹膜沾黏、臟器韌帶沾黏，根據中醫身體的肌筋膜脈絡與經絡相似，亦會因牽拉筋膜，藉張力改變、共振而傳遞能量。

（肌）筋膜的功能：人體解剖依肌肉紋理可以順著

肌肉整理出很多抽象的線條，就如同現代人，喜歡上健身房練六塊肌、人魚線、馬甲線等，其實這些重量訓練所鍛鍊的線條，和中醫經絡穴位的觀念很接近，因此運動不單純追求健康、美感，也是活絡筋膜機能，減少疼痛、降低胰島素阻抗性，和提高肌肉脂肪細胞的代謝率，可謂一舉多得。

因此，有慢性纖維肌痛症的患者，建議以運動緩解疼痛症狀，也可以同時促進腦內啡分泌和全身的經絡疏通。但是需要在良好的運動場地、合適的裝備（如：合適的步鞋），和運動前暖身運動足夠、過程中正確的姿勢、運動完後的緩和運動。

2. 深前線與淺背線

肌筋膜線很多，但僅介紹深前線與淺背線。

（1）深前線：深前線故名思義即是人體腹側深層的肌（肉）筋膜，除了支持身體中軸骨架、固定臟器位置（吸震功能），最近研究指出內臟中的筋膜，特別是腹膜中的大小網膜，除癌症容易藉網膜上淋巴系統擴散，也代表筋膜是獨立器官，有免疫、代謝、感覺張力和身體體位等，其在人體的器官地位也在最近才被承認，生理功能尚待更多研究發表。

對負荷身體重量的骨盆和下肢而言，深前線更是穩定人體結構的核心，肌筋膜負責向內向上牽引住下盤（髖關節以下至足底韌帶），因此下肢才不至於承受過

度重量崩解或退化關節炎、韌帶纖維化（老人常見髖、膝關節退化變形）。

（2）淺背線顧名思義走在背部表淺的肌筋膜，從眉弓上方繞過頭頂、枕部、後頸部、肩頸、後背直到後腰、後臀部，經過大腿、小腿至跟腱（足跟、阿基里斯腱），連接足底筋膜走向趾骨末端，最後連接趾骨下方，所以肩頸痠痛、下背痛、髖部痠痛以致足底筋膜過度使用產生的足底筋膜炎，都與淺背線這一條筋膜線有關，也就是國中國小學童若篩檢出脊柱側彎需肌及矯正，以免骨盆也歪斜，影響發育和生殖，更可能駝背使骨關節提早退化，壓迫性脊椎骨折、脊椎骨脫。

椎間盤突出（HIVD）無論有無開刀都建議患者穿束腹護腰；原理即在保護兼強化淺背線，所以一整條淺背線肌筋膜哪裡糾結或疤痕化沾黏，即該處的纖維肌痛症。許多骨科、神經內經、復健科的症狀像頭痛、偏頭痛、肩膀痠痛、頸部緊繃、腰痠背痛、骨盆扭傷、大腿拉傷、小腿拉傷、抽筋、跟腱疼痛、高足弓扁平足或強度運動所導致的足底筋膜炎，藥物和復健、針灸推拿都是選擇。

姿勢外觀：從型態、執行動作時的姿勢判斷或柔軟度（低頸彎腰、軀體前伸），按摩足底筋膜前後的差異，轉動眼球枕骨的淺層肌肉變化。觸診：哪裡緊繃痠痛、腳跟或足底疼痛。視診：大腿伸展緊繃，關節卡卡的，駝背，下背緊繃，站姿或坐姿體彎。

3. 深前線與淺背線的訓練

深前線的肌筋膜穿過核心肌群（Core Muscles），對強化核心肌群可是一件非常重要的關鍵；七分鐘高強度 ACSM 循環訓練，除了幫助體態線條好看、減重塑身之外，重量（無氧）訓練也是在訓練核心肌群、深蹲、提腿等。不論 ACSM（美國運動醫學會）是否真的能幫助外觀健美，美國運動醫學會有明確的證據證明：結合有氧和無氧，共 13 個動作，每個動作 30 秒，間隔 10 秒一輪，7 分鐘的運動，適合長照機構如養護中心、活躍老化之安養機構，能夠幫助老年人延緩失能程度、健康賦權的銀髮族每日活動安排；透過容易獲得的輔具，如一張椅子、軟墊、牆壁等，加強老年人的核心肌群，維持身體穩定度，避免受傷、減少痠痛、保護脊椎。

核心肌群：髖關節以上、橫膈膜以下之肌肉，包括脊椎、骨盆肌群。腹橫肌之加強可以提升腹腔內壓，避免疝氣；保護椎間盤不會因用力過度而傷害脊椎。核心肌群的鬆弛，容易造成椎間盤突出，或是搬重物容易姿勢錯誤，易拉傷、下背痛或椎間盤突出。

此外呼吸影響肌肉收縮，而輔助呼吸的肌肉或核心肌群強度也影響著呼吸效率、改變腹內壓，提高基礎代謝率。橫膈膜、舌繫帶屬深前線。

肌筋膜有順應性，所以運動前的暖身格外重要，把

身體肌筋膜拉鬆，也提高核心肌群溫度，所以職業選手（運動員）筋膜柔韌度一定與一般人不同，若沒有循序漸進運動，未蒙其利先受其害（運動傷害）。

4. 小叮嚀

老化也是肌筋膜功能退化的原因，機器用久都會損壞，何況人體器官，雖然人體有自癒力，但經年累月或是使用過度（運動員）就容易退化，此時建議減少使用（休息）和增加修復（復健）。伸展、按摩優先→若疼痛藥物仍無法緩解，則建議手術或自費注射生長因子，運動傷害之後建議多攝取富含膠原蛋白的食物。避免久坐不動：肌筋膜無彈性。

（1）急性受傷：肌筋膜撕裂、發炎、脫水。

（2）慢性受傷：肌筋膜沾黏、疤痕化→復健科的課程也是熱能紅外線震動波推拿手法。

受傷的疤痕使筋膜內沾黏，滑動不順造成慢性疼痛（纖維肌痛症），淺層筋膜感覺受器較深層多，淺層筋膜也較容易因受傷而纖維化。可在家做鐘擺運動，使肩膀韌帶慢慢鬆開；另外復健科物理治療裡的手指爬牆也很有幫助，在牆上做記號，每天往上 2 ～ 3 公分，持續至能手舉過肩為止。復健運動需持之以恆，每日規律運動以維持關節活動度，減少復發。

（四）椎間盤突出、脊椎滑脫症、骨刺、坐骨神經痛：腰背酸痛

1. 症狀敘述

下背痛、腰痛、臀部痠痛、背部僵硬、坐骨神經痛、上下肢體肌肉痙攣、深部肌腱反射減弱、大小便失禁、下肢酸麻、腿部肌肉無力萎縮、行走困難、腰痛、下肢刺痛、灼熱感、麻痺感、觸電感、腿部無力、肌肉萎縮、腰酸背痛，不似一般扭傷可以用止痛藥物緩解，這裡指的是慢性的疼痛，會影響到日常生活的疼痛。

2. 生病原因

坐骨神經是人體內最粗的神經來自腰椎，經臀部、大腿後側部，往下延伸至小腿和腳底；當坐骨神經因為疾病或外力受到壓迫時，就會造成臀部及下肢疼痛；坐骨神經痛幾個常見的原因如下：椎間盤突出：此為最常見的原因[1]。

1　椎間盤是連接上下兩節脊椎骨間的盤狀軟骨結構，由位於中央的髓核、及髓核周圍的纖維環所組成，做為脊椎支撐力量、抵抗重力的緩衝，可讓脊椎在一定的角度內活動。當脊椎長時間的重複受力，或因突發性的受力過大，會使髓核從破裂的纖維環向後突出，擠壓到周邊的組織和神經；人體腰椎有五個椎體及最下方的薦椎與尾椎；大部分的椎間盤突出，好發生於第四～第五腰椎之間、以及第五腰椎～第一薦椎之間，這個部位是下肢神經通過處；壓迫到神經根後，會引致患者腰痛、下背痛甚至行動不便的症狀。

　　由於椎間盤磨損、退化、病變或外力撞擊，使纖維層內的髓核向外突出，壓迫到周圍的神經，或由於腰椎老化造成脊椎退化狹窄症，亦會壓迫神經，引起疼痛。梨狀肌症候群：梨狀肌為臀部深處的一組肌肉，坐骨神經從梨狀肌的下緣穿出。當梨狀肌因長久坐姿不良、運動外傷等因素致傷時，會使途經的坐骨神經受到壓迫，引發坐骨神經痛。(1) 外傷：如高處跌落或車禍外力撞擊，導致脊椎受傷或造成脊椎狹窄而引發疼痛。(2) 姿勢不當：部分職業易引發坐骨神經痛，如需久坐的辦公室上班族、搬運重物的工人、長途駕駛的司機等。其他例如：罹患如腫瘤、感染等可能會壓迫到神經的疾病者，都可能引發坐骨神經痛。

　　椎間盤突出造成的腰背疼痛，不只侷限於腰背部，還會延伸到臀部以及大小腿，即所謂的坐骨神經痛，甚至造成患者腳麻無力；少數嚴重的椎間盤突出，可能造成脊髓腔狹窄或壓迫到膀胱神經，出現馬尾症候群，導致患者大小便失禁、肛門會陰部周圍麻木等症狀。

　　椎間盤突出是因椎間盤長期承受重力，產生退化及椎間盤軟骨含水量的減少，造成彈性及緩衝能力隨之減弱，導致椎間盤髓核由纖維環向外穿出造成神經壓迫的情形；亦可因患者承受到突發性的外力撞擊或承載受力過重，導致椎間盤的髓核穿出纖維環。上述情形就稱為椎間盤突出，患者首先會出現下背痛的症狀，隨著病程進展，髓核壓迫到脊髓或推移到神經，就會演變成坐骨

神經痛，或更嚴重的永久性神經損傷。

坐骨神經痛是指疼痛感沿著坐骨神經的分布區域，通常始於下背部與臀部，沿伸至大腿、小腿與足踝。典型坐骨神經痛的症狀為下肢刺痛、灼痛、麻木或感覺異常，患者在咳嗽、打噴嚏、舉重物等使腹壓增高的動作時，會使疼痛的症狀加劇，此有別於一般的腰酸背痛。

坐骨神經痛多是因為椎間盤突出壓迫到神經所引起；腰椎是脊椎骨當中最容易滑脫的地方，腰椎的椎體往前位移，會出現馬尾症候群：腰痛且延伸至臀部或大腿後側；一部分患者同時會合併出現椎管狹窄的症狀：即身體直立行走雙下肢抽痛，若上半身前傾則症狀可以緩解；常見原因如下：(1)外傷性滑脫，(2)退化性滑脫，(3)椎弓斷裂所引起，(4)病理性滑脫，(5)先天腰椎結構不穩定。

3. 治療建議

症狀輕微者可以保守治療，口服或注射類固醇，穿背架、復健；若嚴重神經壓迫症狀（痛到難以入睡、大小便失禁）持續疼痛 >3 個月，無法正常走路（跛行）。

4. 小叮嚀

長時間久坐的工作者，最好能將腰椎的部位緊靠椅背，或使用靠墊，讓腰椎能有足夠的支撐；需要長時間久站的工作者，最好能適時彎曲一腳，以緩和下背部承受的壓力。應盡量避免穿高跟鞋，減少腰椎關節的壓

力。保持正確的站姿和坐姿，走路時抬頭挺胸，保持上身直立。進行劇烈的體能活動前，應做好暖身運動準備。避免猛烈彎腰或激烈扭腰的動作。避免坐太過柔軟的沙發或無靠背的椅子。平時可加強腰背核心肌群鍛鍊，並訓練自己的柔軟度與肌耐力，有助於腰椎穩定性。搬運物品時，切記要蹲下身再搬。

（五）腕隧道症候群、媽媽手

1. 症狀敘述

手麻、刺痛、腫脹灼熱、手痠無力、手指動作障礙、手腕疼痛、抓握肌肉無力，和大拇指肌肉萎縮。

麻木是腕隧道症候群常見「症狀」，女性比男性常見，主要是手腕正中神經受壓迫而產生病變，常見於長時間使用滑鼠，駕駛或工作需要大量同一姿勢用到手部的工作者[2]，在症狀還不嚴重時，可以到復健科就醫，

---

2 準媽媽於懷孕期間出現水腫，導致腕隧道組織腫脹，也可能出現短暫性的腕隧道症候群；其他諸如手腕脫臼或骨折，使骨骼突入隧道，窄化隧道內的空隙而造成壓力；類風濕性關節炎引起骨膜增生、痛風、以及糖尿病造成的神經病變等，都可能間接作用在正中神經上引起相關症候群。腕隧道症候群是一種合併手腕、拇指、食指、中指及無名指麻痛症狀的疾病，與同樣造成手腕不適的另一種手疾：媽媽手，不同之處在於，媽媽手是拇指外側靠近腕部的兩條肌腱發炎，導致拇指活動時疼痛，而腕隧道症候群則是因通過手腕腕隧道的正中神經因故受壓迫所引發。

做神經傳導測試，如確實正中神經壓迫厲害，醫師會建議做減壓手術（把神經上方韌帶弄鬆），和量身訂做護具，除了睡覺以外都戴著輔助動作；若不治療，手部肌肉可能會萎縮，麻痛而無法使用。

2. 生病原因

腕隧道症候群發病的原因與正中神經有關，此神經主要經過手腕處，穿過由腕骨與韌帶組成的「腕隧道」；當腕隧道內的空間變小時，手腕橫韌帶便會壓迫到正中神經，引起酸、麻、腫、脹、痛等不適症狀。

許多腕隧道症候群會發生在特定的職業，像是服務業、餐飲業、食品製造業、電子產業、上班族、家庭主婦等需要長時間使用手部工作的人，固定同個姿勢的手部動作重複久了，很可能磨損橫向腕韌帶導致腫脹發炎，壓迫到正中神經。而隨著年齡的自然老化，肌腱周圍的潤滑液產生變性，也可能因此發病。

經常重複性使用手腕，讓腕部久處於不自然的狀態，包括屈曲、壓折或扭轉，都很容易造成腕隧道症候群。疾病早期，正中神經所支配的腕部區域會出現輕微麻木、疼痛等，症狀可能發生在單側或雙側手腕，且會在夜間加劇，甚至半夜被痛醒，漸漸地白天也會時不時出現手指和腕部痠麻、灼熱和針刺感。疾病中期，細微的手部動作會開始出現障礙，如：握不住杯子而摔破、疼痛感也會延伸至肘、肩等。到疾病後期，可能導致患者

感覺喪失、肌肉萎縮等。當正中神經傳導出現病變，屬不可逆現象，需及早接受治療，以防更嚴重的併發症。

自我檢查方式為：兩手背相靠，讓手腕彎成九十度，維持此姿勢一到兩分鐘，如有麻刺感傳達到拇指、食指及中指，就可推斷罹患腕隧道症候群；平日亦可透過騎車握手把的方式，去感測是否有手麻等問題；與抱小孩、做菜有關，主要原理和腕隧道症候群類似，手部過度使用。

3. 治療建議

使用副木（護具）固定保護至少 6 週，加上熱敷；避免長時間過度使用手腕，如有必要可加戴護腕加以保護，並適度讓手腕休息，而腕部最放鬆的就是自然伸直的狀態。於家中或工作中留意正確使用手的姿勢，用全部的手掌和手指抓握物品，避免同一姿勢長時間重複、騰空手臂使用滑鼠等；注意手腕施力方式，用力時記得要放慢速度，並配合其他工具協助出力。

（六）骨質疏鬆症

骨質疏鬆症是高齡化社會中常遇到的疾病，根據研究台灣骨質疏鬆症患者多數是年齡 >50 歲的年長者，而女性盛行率高達 10.75%、男性則是 4.15%，女性比例為男性的兩倍以上，主要是此

時女性停經後，失去雌激素的保護作用；骨質疏鬆症不只引發體內大量骨質流失，更是造成年長者骨折的主要原因。

骨頭其實是個代謝的器官；正常狀況下老舊的骨質會被代謝，而由新的骨質取而代之；一般正常體內的骨骼組織中，有兩大類的細胞負責了骨質的平衡，一種是負責製造骨質的造骨細胞，另一種是負責代謝骨質的破骨細胞。

骨鬆性骨折好發在「脊椎骨與髖關節」；最多的部位是脊椎，造成脊椎壓迫性骨折，占所有骨鬆性骨折的一半以上；骨頭厚度變薄（皮質骨的質量減少）、與骨頭強度變差，我們稱之為「骨質疏鬆症」；骨質疏鬆症是一種疾病，當符合診斷定義，表示骨頭 BMD（bone mineral density）下降，容易發生脆弱性骨折需要治療

骨質疏鬆的發生常常很多年都沒有症狀，直到造成骨折才被診斷；這樣的骨折稱之為骨鬆性骨折；中年以後骨質生成（造骨細胞）的速度趕不上骨質流失（破骨細胞）的速度，骨質疏鬆症就會逐步發生；依據導致骨質疏鬆症的各種原因分析，一般可以分為原發性骨質疏鬆症及續發性骨質疏鬆症兩大類；原發性骨質疏鬆症是因營養攝取不足、更年期或老化而引起骨質密度流失，骨質密度下降；續發性骨質疏鬆症則是因為某些明確的疾病，或是長期服用某些藥物（全身性大劑量類固醇）所致。

1. 臨床常見的症狀

一旦脊椎骨發生骨質疏鬆，即使輕微受傷，就可能造成脊椎壓迫性骨折，輕微外力對老年人來說包含跌倒、彎腰、咳嗽、打噴嚏、搬重物等，都可能造成脊椎壓迫性骨折；脊椎壓迫性骨折會嚴重下背痛；痛點會靠近骨折處，骨折好發部位在腰椎第 4 和第 5 節處，會呈現的是下背處，常見的症狀如：腰背痛、下背痛。骨質疏鬆症通常到很嚴重的程度才會引發症狀，但是沒有馬上處理，患者可能會有骨折而且疼痛臥床，甚至癱瘓的風險，所以發現以下症狀可以考慮找醫師檢查：

（1）背部疼痛：嚴重的骨質疏鬆症即使在患者沒有摔傷的狀態下，也會造成脊椎塌陷，進一步可能壓迫到神經，引發背部疼痛。

（2）身高變矮（彎腰駝背）：脊椎骨出現壓迫變形時會讓身高變矮、身體彎腰前傾，難以挺直身軀。

（3）體重減輕：骨骼是負責支撐身體結構的組織，一旦骨質嚴重流失，會讓骨骼變得脆弱輕盈，間接降低體重。

（4）大腿活動僵硬：連接髖部關節的股骨大轉子（支持大腿的骨頭）因骨質疏鬆症而變得脆弱，導致大腿活動僵硬，使患者行動不便，還可能伴隨疼痛症狀。

2. 建議

原發性骨質疏鬆症，不是由其他疾病所引發的，而是由不良的飲食習慣、年齡增長或更年期所導致體內缺乏鈣質及維生素 D、雌激素分泌過少及骨骼組織退化，這些情況會使人體無法保住骨質，任由骨質逐漸流失。

缺乏鈣質及維生素 D：體內若缺乏鈣質，會導致造骨細胞缺乏足夠的原料來製造骨質。而維生素 D 過少會影響腸道吸收鈣質，且增加鈣質經泌尿道排出的量。（造骨原料不足）。

雌激素分泌過少：雌激素分泌降低不但會減少刺激造骨細胞的作用，也會讓破骨細胞過度活化，骨質因此大量流失（破骨細胞過度活化）。

骨骼組織退化：隨著年齡的增長，骨骼組織內造骨細胞的新生速度會降低，無法補足破骨細胞所帶來的骨質缺失（造骨細胞新生能力變弱）。髖骨及脊椎骨質通常會在 30 歲之後會開始流失，研究統計指出，年長者每年所流失的骨質最高可達 5%，而年輕人每年流失的量低於 0.4%。這也說明了老人家的骨頭為什麼比年輕人還來得脆弱。

及早發現骨質疏鬆症，對於控制病情有很大的幫助；有關骨質疏鬆症的檢測，一般我們可以從骨質密度檢查中的 T 值（T-score）來評估骨質狀況；醫師也會依照 T 值追蹤骨質疏鬆症患者經治療後是否有所改善；哪

些族群需要做 DXA 骨質密度檢測呢？ 65 歲以上的婦女或 70 歲以上的男性、50 歲以上曾有骨折病史者；罹患可能會導致骨質流失的疾病，如：副甲狀腺亢進、先天卵巢缺陷等等；長期服用可能引起骨質流失的藥物如：類固醇藥物等藥物。

T 值代表的意義：大於 -1 表示骨質處於正常狀態。-1 至 2.5 之間：代表骨質已經開始流失，通常藉由營養補充（維生素 D 及鈣）及生活習慣（多到戶外曬太陽）的調整來強化骨骼。而小於 -2.5：代表罹患骨質疏鬆症，需要依照臨床影像學評估使用藥物來控制病情。

需要接受手術的病人，通常是因為下背痛或骨折，脊椎併有不穩定及神經壓迫症狀如：腳麻，單腳無力，下背痛等而需要接受脊椎手術治療；年長骨質疏鬆症病患通常因骨小樑品質已經不佳，接受手術治療則易導致植入的人工固定物無法支撐脊椎，反而因為脊椎內植入的固定物（人工自體骨骼，骨水泥等）鬆脫而需要再一次的手術治療，因此保守治療為優先考慮；若是保守治療後仍嚴重影響生活及照顧的困難，才考慮手術利用骨水泥固定脊椎。

3. 食療提升自癒力

富含鈣質的食材如高麗菜（甘藍菜）、大白菜、豆腐、鮭魚、蝦、豬肉、蛋、牛奶、乳酪、穀物；富含維生素 D 的食材：鮭魚、鮪魚、鯖魚、穀物和蛋黃，足夠

的陽光照射等；以下是居住台灣地區的人的建議：

（1）補充鈣質：人體需要額外鈣質以便有充足的原料來製造骨質。一般來說，男性或更年期前的女性一天所需攝取的鈣質為 1000 mg。更年期之後的女性則需要攝取 1200 mg 的鈣質。

（2）維生素 D：維生素 D 能促進腸道吸收鈣質，故補充維生素 D 能體內有足夠的鈣質來維護骨骼的構造；70 歲或以下的骨質疏鬆症患者一天所要攝取的維生素 D 為 600 IU（International Unit，國際單位），而 70 歲或以上的年齡層一天需攝取 800 IU 的維生素 D；對於維生素 D 的攝取方式，主要可以透過食物或營養品來補充體內維生素 D 的不足；此外曬太陽也可以讓人體產生維生素 D，但每個人的膚質不同，所需要曬太陽的時間也有差別，建議在下午 3 點過後，比較不會因為皮膚受到過度的曝曬可能會增加罹患皮膚癌的風險。

（3）維生素 K：維生素 K 不足的人，跑步時髖骨骨折的概率增加 30%。女性和男性每日應分別補充 90 微克和 120 微克；有益食物例如：菠菜、甘藍菜。

（4）人體製造骨骼所需要的蛋白質，如：骨鈣素、蛋白質都需要維生素 K 才能發揮作用。

（5）鎂：骨質疏鬆的女性嚴重缺鎂；雖然鎂在骨骼的所有礦物中含量不過 1%，但是缺鎂會讓骨頭變脆、更易斷裂；常人每天攝入 400 毫克即可；如果額外補充

也有好處，因為能預防因補鈣而引起的便祕。富含鎂的食物：全穀物食品、糙米、杏仁、花生和菠菜。

(6) 蛋白質：骨骼合成需要的一種關鍵營養素就是蛋白質；事實上骨骼 22% 的成分都是蛋白質；每公斤體重大約需要補充 1 公克蛋白質，但也不能補太多；否則容易使體內血液呈現酸性，使骨骼裡的鈣質流失，富含蛋白質的食物：低脂乳品、去皮家禽肉、魚肉，各種的豆類製品、豆腐。

(7) 鉀：水果和蔬菜含有大量鉀；能中和胃酸，研究也發現，常吃含鉀多的食品（如：香蕉），骨質更緻密；每天攝取五公克；但是過量鉀的補充可能對心臟不利，應避免短時間內大量攝取。

(8) 維生素 B12：維生素 B12 能控制血液中的半胱氨酸，該代謝物質和心臟病、髖骨骨折有一定關聯。健康人每天攝入 2.4 微克的維生素 B12 即可。富含維生素 B12 的食物：貝類、瘦肉和低脂乳品；老年人最好選擇補充劑，因為維生素 B12 不易被老年人吸收。

4. 小叮嚀 [3]

3　預防跌倒：老年預防跌倒的危險，因此預防措施有其必要性：可穿上止滑較強的低跟鞋，確保家中的光照充足，整理可能會造成跌倒的物件，例如：地上凌亂的電線、易滑的墊子等等，起身或變更姿勢後，可先坐著休息 1 至 2 分鐘再站起來，避免改變姿勢造成姿態性低血壓，避免側背過重的物品；此外也要遠離菸酒。

藉由適當補充鈣質及維生素 D、充足的運動量、遠離菸酒、以及預防跌倒的方式來保護體內的骨頭，且能減緩骨質流失的速度；承受身體重量的運動（負荷式運動）對於骨質疏鬆有幫助，包括：散步、快步走、慢跑、賽跑、長跑、爬山、舉重、爬樓梯等皆有幫助，年輕人可以從事速度快運動，例如：打球、體操、背重物遠行；年長者從事較緩和的運動如：輕裝爬山、健行、散步；而不承受身體重量的運動，例如：騎車、划船、游泳、吊單桿對於骨質疏鬆的幫助較少；且很多年紀大的人下肢同時也有退化性關節炎，不適合溜冰等易失去平衡的運動。

（七）退化性關節炎

1. 症狀敘述

關節酸痛無力、關節僵硬、足踝疼痛、腰痠背痛、蹲下站起困難、關節腫大積水、關節變形、骨刺生成。

2. 生病原因

人體能夠任意活動，仰賴身上大大小小的關節。關節連結兩塊或多塊骨頭，周圍還有軟骨、滑膜、滑膜液、關節囊等構成整個關節組織；軟骨包覆在骨頭上面，如

充足運動：健走、跑步、上下樓梯、練舞的運動方式來進行每週 3 次、每次至少 30 分鐘的運動量，這不但能強化骨骼及肌肉，也能減緩骨質流失。

同墊子，具有緩衝作用。滑膜液可以潤滑並保護關節；但隨著年紀增長，軟骨漸被磨損、滑膜液變少，關節吸收衝撞的能力減低；漸漸的關節開始發生發炎反應，活動便會造成關節疼痛不適，長期下來慢慢會感到關節有僵硬、腫大、變形的情況，進而造成生活上的不便；退化性關節炎來自於關節軟骨磨損、關節內潤滑液變少、關節周邊組織產生慢性發炎反應，造成的關節退化性疾病。

退化性關節炎分為原發性（老化、肥胖）及次發性（疾病、遺傳或長期職業傷害），可發生於身體的任何關節，最常發生於膝關節、髖關節、手關節等可動關節，另還有肩關節、脊椎、踝關節等；由於關節老化無法根治，只能透過復健及保守治療如運動治療或藥物治療，如無效再施行人工關節置換手術。

3. 飲食及治療建議

多食用富含膠原蛋白的食物，如：蹄筋、雞爪、豬皮雞皮等。減少上下樓梯、蹲跪、爬山等動作；規律適度的運動可增加關節滑液的流動，加強肌肉、肌腱等支持結構。活動或跑步時戴上護膝保護；維持適當體重，過胖者先減肥，以減輕關節負擔；包括結合藥物及非藥物治療；非藥物治療如減重、使用膝關節護具、物理 復健治療等。藥物治療有非類固醇類的抗發炎藥物、各類止痛藥物、針對關節炎做症狀治療及緩慢作用的藥物、關節內類固醇注射等。

（八）纖維肌痛症

纖維肌痛症（fibromyalgia）是一種異質性很高[4]的疾病，以疼痛表現的症候群；臨床上主要的症狀為慢性，且廣泛性的疼痛（widespread pain），會有壓痛點，患者常抱怨身體多處疼痛，同時也很容易因按壓而引發疼痛，而做了很多檢查也查不出原因。

纖維肌痛的患者有許多臨床常見的共病症，如：憂鬱、焦症、睡眠障礙、疲勞、頭痛、顳顎關節障礙症、大腸激躁症等，這些症狀會降低患者的生活品質。纖維肌痛症常常合併肌肉疼痛以外的器官症狀，便以纖維肌痛症候群（fibromyalgia syndrome）稱之。流行病學研究顯示，纖維肌痛在一般人口盛行率約 4%，患者以女性居多；許多神經傳導物質與疼痛表現有關，其中較為相關的包括：血清素（serotonin）、多巴胺（dopamine）、兒茶酚胺（catecholamine）等。這些調節疼痛的神經，產生功能失調可能扮演重要角色；有些文獻指出心理創傷、壓力可能也會有些相關性，但並不能確定其因果關係。目前已知患者疼痛處的肌肉組織並無特定的病理改變，但無論肌肉、皮膚或骨骼等組織，其對按壓刺激產生疼痛的閾值（threshold）都較正常人或局部疼痛患者來得低，而這種廣泛性疼痛閾值降低的現象便是慢性廣

---

4 每個人表現的症狀很類似，但造成的原因差很多，需要仔細地詢問過去病史及做理學檢查。

泛疼痛最主要的特色。所以一般認為除周邊神經系統被激化之外，中樞神經系統的敏感化應扮演更關鍵的角色。

纖維肌痛症的治療依研究證據強度分成 ABCD 四級，並提出建議代表證據強度最高的 A 級皆為藥物治療，包括：Tramadol（普拿疼）、抗憂鬱症藥物（amitriptyline、fluoxetine、duloxetine、milnacipran、meclobemide、pirlindole）、tropisetron、pramipexole、pregabalin 等。在非藥物治療方面，熱療法（heated pool therapy）為 B 級，其他如瑜珈、物理治療、精神支持、放鬆療法等，證據強度則較低。疼痛點局部注射可能會造成依賴性產生，一般不建議使用於此類患者。青少年纖維肌痛目前則尚無已核准的藥物治療，非藥物治療較常使用，如瑜珈課程、物理復健治療、精神支持療法等。

（九）足底筋膜炎：扁平足常見運動傷害

成人的扁平足，足部失去吸震、緩衝、減壓作用，跑步時腳踝容易疲勞、膝踝關節扭傷、足底肌膜炎、大腳趾變形，提早出現退化性關節炎、膝關節變形、脊柱側彎、腰酸背痛、長短腳、骨盆歪斜甚至影響生育等；小腿緊繃、腳跟疼痛、腳底按壓疼痛。

足部為人體當中解剖構造複雜的部位，由骨頭與 57 個關節、108 條韌帶、32 條肌肉、肌腱組成，形成

足底三條縱弓與一條假性橫弓[5]，提供足部穩定度及活動度，使足底能承受全身重量負荷。若先天為扁平足，對於整個足部穩定度及活動度均會下降，扁平足的人久站、跑步、跳躍時承受全身重量之負荷容易受傷，足部的支撐、伸縮、扭曲、彈跳、吸震及摩擦等功能都會下降，尤其是內側縱弓，它在人體跑步時，提供適度的彈力和扭力並吸收地面之反作用力，以適應各種地形達到吸震的效果，就好像是人體足底的避震器一樣。

扁平足常見症狀：1.腳痛、僵硬、虛弱或容易麻掉、腳痠、疲勞；2.腳或腳踝常常受傷；3.行走或者站立時，有平衡上的困難、不穩、歪斜或容易跌倒；4.由於腳底歪斜使得腳踝、膝關節、骨盆一直到脊椎沒有保持在中線上，容易導致受力位置不均或不正確而引發各種疼痛、X型腿；5.行走姿勢不正確：墊腳尖走路或內八、外八字等。

大多數的扁平足不一定有症狀，少數因扁平足或整體性發育與足底韌帶鬆弛，使跑步、跳躍、平衡等粗動作受影響而常跌倒，但如果併有足跟外翻歪斜的現象，即在兒童期發現走路接觸地面足跟不穩、歪斜，有可能進一步因為身體受力改變，造成足部膝關節內側面受到不正常的拉扯、韌帶受損，發育過程中足部、膝關節、骨盆、脊椎容易偏離中線（脊椎側彎），長大容易引發其他併發症如關節炎、拇指外翻、足底筋膜炎、腰椎病

5　實際上不存在，透過肌肉筋膜所形成的抽象結構。

變（脊椎側彎）、膝痛、駝背等；脊椎（脊椎骨，脊柱）在行走時的步態不符合人體生物力學，進而產生軟組織過度受力而發炎、疼痛，影響肺功能，胸腔及骨盆腔變形。

扁平足是很常見的先天結構性問題，也很容易透過理學檢查診斷，但卻很少需要外科手術介入治療；足底筋膜是腳底的纖維組織，一共五條，從跟部往五個腳趾頭輻射，主要功能是吸收足部走路跑步時著地所產生之反作用力，如同人體避震器。早期認為它是一種發炎性疾病，最近研究指出它是一種退化的過程，由於小腿跟腱（阿基里氏腱）或腓腸肌腱過度緊繃以致於減少踝關節的背屈活動範圍所形成；或因體重過重，筋膜被過度牽拉受壓；少部分因天生足部結構異常，讓足部重量分配不均；上述原因讓足底失去衝擊保護，一活動就疼痛、發炎；足底筋膜為腳底足弓最主要的支撐，主要功能是吸收足部走路跑步時產生之反作用力。當長時間承受身體重量，足底筋膜被過度牽拉或受壓，就可能引起發炎及退化；扁平足若有合併足底外翻，即平常可觀察到鞋底外側相對於內側嚴重磨損；足後跟的骨線內斜之幼童，應在三歲前給予特製扁平足的鞋墊來支撐及矯正足弓，讓扁平的足弓部位維持在一個正確的發育位置，這樣才不會造成其他的相關組織承受不正常的力量，造成發育上的異常；若足月產兒童，走路姿勢歪斜或外觀疑似長短腳，可以諮詢骨科醫師。

扁平足患者使用的鞋墊，好比戴近視眼鏡一樣，矯正讓他可以正常發展，可以給有經驗的復健科或小兒骨科醫師評估，依下肢（髖骨以下）X光發現的足部先天性問題，訂做個別化矯正鞋底（墊），配合適當的矯正鞋；可在國中以前矯正為正常一般人足部，除非嚴重之足部變形或經醫師建議才需穿戴，否則會失去原足弓其功用並且可能產生足底筋膜炎，另外前足與後足部的內外翻，大多數扁平足通常在青春期以後才會出現症狀，只有少數在幼兒時期會產生腳酸、走不久，要人抱、常跌倒或異常步態等問題，而且成人扁平足的足部失去吸震、緩衝、減壓之作用，較會引起走太久或跑步時下肢易疲勞、足底肌膜炎、大腳趾變形和踝關節疼痛、膝關節炎、扭傷、腰背酸痛、脊柱側彎、骨盆歪斜、長短腳。

最典型的症狀是剛起床下床踩地時，內側足跟感到如針刺般劇烈疼痛，要等到走動一段時間後才慢慢減緩；但之後久站、久坐起來又會痛。以及按壓腳掌內側偏中的地方會痛。這是一種退化性疾病，常變成反覆的慢性疼痛。另有部分年長者以為腳跟長骨刺而疼痛，但其實有骨刺並不一定會造成疼痛；常見於下列族群中：運動員；跑步、爬山等過度運動者或需要長時間步行、站立的工作者；50歲以上身體機能自然退化，先天足弓生長異常者，例如：扁平足（足弓過小）、高足弓（空凹足）、足弓過大等，過於肥胖者，足跟負重過大者；經常沒有穿合適的鞋子如高跟鞋。

3. 治療建議

緩和治療：最簡單的方式是讓足部休息，不搬重物、不久站、停止爬山、跑步等運動、居家做足部拉筋伸展運動、使用鞋跟墊或穿矯正鞋墊、藥物治療：口服非類固醇消炎止痛藥、或注射類固醇改善疼痛、大部分的病人經過六個月的物理治療、藥物保守治療可以改善。

4. 小叮嚀

選擇避震效果好的球鞋跑步，擇適合腳型的鞋款，或訂做特製鞋墊，平常避免穿鞋底太薄或太硬的鞋子，減少足底筋膜受傷機會，避免走路或運動過久，最好15分鐘要休息一下，運動或步行後可在足跟冰敷，減少發炎疼痛。控制體重，讓足底的負擔不致過大，平常可多練習回復足底筋膜的伸展運動，及促進肌腱肌肉強化的運動。

第五章
要活就要動
——保持規律日常身體活動
（Physical Activity、PA）

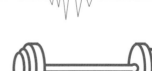

■ 一、運動前評估──何謂運動處方

2020 年 ACSM（American College of Sports Medicine, 美國運動醫學學會）建議 aerobic（有氧運動）與 resistance（阻力運動訓練）交替有益健康。

科學研究證實身體活動可以預防或減少肌少症、肌少型肥胖、胰島素阻抗、高血壓、中風、代謝症候群、骨質疏鬆、肥胖、乳癌、結腸癌、子宮內膜癌、憂鬱症等 35 項慢性的健康問題。另外科學研究也證實運動的效果等同處方用藥一樣，可以有效治療身心疾病、神經性疾病、代謝性疾病、心血管疾病、呼吸系統疾病、肌肉骨骼疾病、癌症等 27 種疾病。運動不單純追求健康、美感，也是活絡筋膜機能，減少疼痛[1]、降低胰島素阻抗性，和提高肌肉脂肪細胞的代謝率，可謂一舉多得。

非傳染性疾病（Non-communicable Diseases, 簡稱 NCDs）是目前全球人類健康的最大威脅；吸菸、酗酒、不健康飲食及缺乏運動是 NCDs 的四大危險因子。預估到 2025 年時全球人類非傳染性疾病死亡率將占全人類死亡人數的 72.5%，台灣 108 年十大死因中非傳染性疾病死亡率已經占所有死亡人數的 70% 左右；1985 年以

---

1 因此有慢性纖維肌痛症的患者，建議以運動緩解疼痛症狀，也可以同時促進腦內啡分泌和全身的經絡疏通，但是需要在良好的運動場地、合適的裝備（如：合適的步鞋），和運動前暖身運動足夠、過程中正確的姿勢、運動完後的緩和運動。

來世界肥胖人數已增長近三倍；2018 年時世界 18 歲以上的成年人中逾 19 億人過重，其中超過 6.5 億人肥胖（2019 年資料，18 歲及以上的成年人中 39% 過重，13% 為肥胖）。

肌少症對健康的威脅：減低 40% 免疫功能，增加感染風險，降低 20% 肌力、降低傷口修復能力、增加感染風險，增加 30% 坐姿困難、壓瘡、肺炎、傷口恢復困難，增加死亡風險（通常是肺炎）。體重過輕的風險：生長遲緩，注意力不集中，免疫低下、感染，骨質疏鬆，氣胸，貧血，月經失調，不孕，心血管疾病，猝死等。

最推薦也最適合現代上班族的：有氧運動（騎車、慢跑、游泳）、拉筋運動（體操）或阻抗運動（負重健行），任何運動都需要由簡而繁，循序漸進實施。

例如：一條彈力繩（帶）、軟墊等，即可以在家裡自己做瑜珈或伸展；騎單車或快走都可以增加骨質密度，配合日曬，皮膚增加吸收維生素 D；太極拳可以增加平衡感，避免跌倒；彈力球或彈力帶等阻抗性運動器材，可以提升肌肉的品質，當然也會增加肌肉量（為何運動不一定可以減重，增加肌肉可能體重持平或甚至增重）。肌肉品質增加，加速肌肉分解血糖，預防糖尿病發生，或延緩糖尿病所造成的併發症；大血管、小血管病變；而老年族群可以預防衰弱症（或肌少症）；肌少症會造成走路速度變慢、握力變差、咀嚼吞嚥困難，長期因為營養不足，生理機能變差，更使肌力下降，形成

惡性循環。

　　高強度漸歇性訓練（High-intensity Interval Training, 簡稱 HIIT）；短時間內透過高強度的訓練動作提高心跳率，從而達到 HIIT 減肥效果；和傳統有氧運動不一樣，因為 HIIT 強調是運動後的 HIIT 減肥消脂效果「after burn」；HIIT 動作簡單易學、可根據自己體能調整強度、沒有空間限制、無須特殊器材；除了 HIIT、有氧運動＋阻力運動，還需要伸展活動，伸展活動會促使肌肉組織沿著伸展拉力方向發展，具有雕塑肢體外觀作用，使身體組成苗條結實，尤其是組織重新建構之時；從血管外周邊脂肪組織分泌的脂肪細胞激素，經由擴散或供應冠狀動脈血管營養物質的微血管，直接通過相鄰的血管壁；肥胖者脂肪組織會入侵促發炎的巨噬細胞與其他活躍的發炎細胞，這些細胞會增加腫瘤壞死因子（tumor necrosis factor-alpha, TNF-α）與介白素 6（interleukin-6, IL-6）等發炎物質的分泌，而這些發炎物質會進一步經由內分泌與旁分泌作用，促進與肥胖相關的結腸癌（colon cancer）的發生。

　　運動對糖尿病患者有諸多益處，但當血糖數值未控制妥當，運動的介入易造成相關合併症，運動前、中、後最佳的血糖數值應維持 100 ～ 250 mg/dl 之間，當血糖低於 100 mg/dl 的時候建議補充糖分，如：20g 的碳水化合物，臨床上常見運動合併症如低血糖：血糖數值低於 70 mg/dl。容易發生在高強度運動（60% ～ 90%

HRR*（最大心跳數）的介入造成血糖急速降低，而產生低血糖相關症狀，如：疲累、顫抖、不尋常發汗、頭痛及昏厥等，此類症狀表現也有可能發生在運動後 12 小時內，尤其避免進食後馬上從事高強度運動，因為血糖能量轉換來不及供給高強度的運動，健身教練建議飯後 2 小時，再從事運動。而強度可選擇中強度 （40 ～ 60% HRR），若期望增加運動強度或是時間，增加的程度也應每次低於 10%；此外當類似症狀發生時，建議與醫師討論調整藥物使用的劑量，或使用的時間以避免低血糖症狀再次發生。

高血糖：血糖數值高於 300 mg/dl。通常易發生在第一型糖尿病患者，但當第二型糖尿病患者偵測血糖過高時，常伴隨多尿的症狀，因為血中過高的糖分無法被腎臟回收留置體內，使得尿液中也帶有糖分，繼而改變尿液滲透壓，體內為了維持液體壓力平衡，增加了排尿量已稀釋尿中糖分。患者仍可以從事運動，但必需多補充水分，以避免水分流失造成的熱衰竭（嚴重脫水時，也稱為中暑）；有些糖尿病患者同時也被診斷其他合併症，在此也提供相關運動的安全及需注意事項，以避免運動介入而加重病情。

視網膜病變：患者需避免高強度運動、阻力或稱為重量訓練運動（resistance exercise）及頭部倒立，以上運動容易增加眼壓，使得病灶加劇，體適能教練通常建議這類患者可從事輕度（30% ～ 40% HRR）或中強度運

動[2]。

神經（缺血）性病變：運動所產生的心血管生理現象，如：心跳及血壓增加，會因病變而無法正常反應，建議運動時由專業人士指導以及密切監測生命徵象，應避免高強度運動與憋氣；而有些患者因足部缺血造成潰瘍，建議諮詢醫護人員，穿著特殊設計的糖尿病鞋，並保持足部乾燥與舒適。

2　American College of Sports Medicine's Resource Manual for Guidelines for Exercise Testing and Prescription Seventh Edition（2014）Lippincott Williams & Wilkins.

■ 二、脂肪組織可以訓練成為正常功能的器官嗎？

肥胖產生脂肪組織功能異常，會啟動促發炎脂肪激素分泌，直接作用在心血管組織上，引發心血管疾病；抗發炎與促發炎脂肪激素（adipokine）失衡，同時也會影響到重要的代謝器官如：肝臟、骨骼肌等功能與微血管結構，引發胰島素阻抗，間接促進心血管疾病的發展。體脂肪比例愈高，入侵脂肪組織的發炎細胞就會愈多，脂肪組織因而出現缺氧、發炎反應愈嚴重；內臟脂肪（ectopic fat）異常堆積在肝、腎、胰臟、肌肉、心臟，會增加胰島素阻抗性及第二型糖尿病、心血管疾病風險。

心肌外圍脂肪組織，與其他內臟脂肪組織，有著許多解剖與代謝功能特性上的差異，例如：有較高的脂肪酸代謝功能、較多特定的血管內皮功能性發炎與轉錄物（transcriptome）基因表現；心肌外圍脂肪組織與心臟共同使用一套血流循環，因此兩者之間互動關係緊密；在健康的情況下，心肌外圍脂肪組織具有代謝、產生熱能與避震緩衝，保護心臟的作用；一旦心肌外圍脂肪細胞變大，脂肪組織產生病理現象，就會對心肌與心臟冠狀動脈造成傷害。

血管外周邊脂肪組織（perivascular adipose tissue, 簡稱 PVAT）會分泌發炎激素，因此發炎細胞進入血管外周邊脂肪組織；血管外的周邊脂肪組織也會分泌，活

性氧自由基（reactive oxygen spices, 簡稱 ROS）、一氧化氮（nitric oxide [NO]）、血管張力素 -2（angiotensin II）與游離脂肪酸。有動脈粥狀硬化斑的血管，周邊脂肪組織脂聯素表現會減少，肥胖者因為產生脂肪組織功能異常，會促進全身性發炎脂肪激素分泌，直接作用在心血管組織上引發心血管疾病。

健康脂肪組織會分泌大量的脂聯素（adiponectin），而肥胖的人脂肪組織分泌的脂聯素會明顯減少，脂聯素具有抗代謝性疾病、抗癌症與對抗全身性發炎反應；肥胖除增加促進發炎的脂肪激素之外，也會引起脂聯素濃度降低，誘發腦部代謝功能異常如：降低腦部脂肪酸氧化、葡萄糖代謝失調，導致腦部能量供應不足，有可能引發阿茲海默症等神經退化性疾病。

脂聯素在代謝症候群上扮演多重角色；近年來還有研究出其他重要的脂肪激素如：CTRP9、網膜素（Omentin）等脂肪激素，也同樣都具有對抗代謝性疾病，與心血管疾病作用，而肥大的脂肪組織也同樣抑制這些脂肪激素的分泌。網膜素（Omentin）更是一種可以保護血管（內皮）、心臟肌肉發炎、抑制血管新生、抑制血管外層平滑肌遷移、生長與降低發炎作用的脂肪激素。

代謝症候群是多重慢性疾病之發生、致病因素，也

就是代謝症候群與許多慢性疾病之間會交互影響；而運動時肌肉會產生 Irisin（鳶尾素），可以降低胰島素阻抗，使人體白色脂肪變為棕色脂肪；棕色脂肪、淡棕色脂肪、白色脂肪各有其特定結構、功能，只要維持其應有之衡定功能就是健康，太過或低下均不健康。

由於現代人類生活型態，誘導各種脂肪組織結構及功能失去衡定，以致產生不健康的肥胖型代謝性疾病，適量運動只是幫忙脂肪組織扭轉回原來的樣子，衡定其正常的生理結構以及功能，而並非哪一種脂肪組織愈多愈好，或某種脂肪組織功能活性愈強愈好，例如：嚴重燒燙傷後，棕色脂肪組織會增加，也不是在健康條件下出現。長期能量過剩，脂肪細胞體積變大，產生脂肪細胞代謝超負荷，誘發免疫反應（發炎細胞）入侵與發炎激素大量分泌，稱之為代謝發炎的現象（meta-inflammation）。

■ 三、阻力、負重運動（重訓）對慢性病的好處

　　肌肉的能力完全依據「用進廢退」的原則改變；也就是說愈常使用你的肌肉，肌肉的能力就會愈強；反之肌肉的能力就會減退。其實肌肉的能力在退化的初期，並無法由肌肉的外表觀察出來，而且只有透過肌力訓練的方式，才能維持肌肉的能力；利用高強度（2 ～ 4 RM）[3] 的肌力訓練方式，可以有效提昇肌力；中等強度（8 ～ 10 RM）的肌力訓練，可以有效提昇肌肉爆發力；利用低強度（30 RM）的肌力訓練，可以有效提昇肌耐力。

　　在適當的肌力訓練計畫（肌力運動處方）條件下，增進肌肉的能力並不困難；長期臥病在床的病人，會因為肌肉的缺乏使用，造成肌肉萎縮、肌肉能力下降的現象；因為受傷打上石膏的部位，肌肉也會在短時間內迅速萎縮。此外，肌肉的能力也會隨著年齡緩慢下降，特別是在超過 40 歲之後，肌肉能力的退化會更為明顯；適當的肌力訓練，可以有效增加身體的肌肉量，避免缺乏運動與退化形成的肌肉萎縮現象，防止肌肉組織的流失。身體基礎代謝率的高低，受到身體肌肉量高低的顯著影響；肌力訓練效果除了能提昇肌肉的能力與減少身

3　健身 RM 值的意思 RM（Repetition Maximum）字面含義意譯是「最大重複次數」：RM 的前面一般有一個數字（x），表示「能夠重複練習 x（次）的最大重量」，或「最多只能重複練習 x（kg）的重量」。數字越小，運動強度越強。

體肌肉量的流失外，同時可以促進肌肉的肥大，增加身體的肌肉量，提昇安靜休息時的基礎代謝率，進而增加每天的能量消耗量。

　　肌力訓練是復健醫學的有效手段；人體肌肉骨骼系統的傷害，除了透過積極的藥物或手術等治療手段之外，復健的過程也是相當重要的治療方式。通常運動傷害的治療目標，不僅在恢復運動傷害形成前的身體肢體能力，還要能夠建構更強健的肢體功能，以避免運動傷害的再度發生；相反的如果能夠透過全身性的肌力訓練，養成身體不同部位的功能與穩定性，就能夠避免運動傷害的發生，提高運動參與過程的安全性。如有效的腹肌與背肌能力養成與訓練，即能避免下背痛的發生；大腿前後側的肌力訓練，可以有效避免運動時的大腿肌肉拉傷。適當的肌力訓練，還可以增進骨骼的密度、提高高密度脂蛋白與低密度脂蛋白的比值、改善身體組成、穩定血糖濃度、降低血壓、提高心肺功能、提昇神經纖維的增生等。這些效益即能夠延緩身體的老化、減少慢性疾病的發生。

第六章

結語：
運動為何與健康密不可分

■ 一、運動經濟學

全球每年約有 4,100 萬人死於非傳染性疾病（NCD），約為全球每年所有死亡人數的 71%，預估至 2030 年，全球非傳染性疾病死亡人數，可能達 5,200 萬人；心血管疾病、癌症、呼吸系統疾病與第二型糖尿病是主要四大非傳染性疾病，而抽菸、酗酒、不健康的飲食與缺乏身體活動等，是非傳染性疾病的四個主要危險因子。全球非傳染性疾病快速增加，主因為過去數十年來，人類在工作與家庭有關的身體活動減少與坐式休閒活動增加所致。而未來資訊與機器科技快速發展，人體需要身體活動的工作機會將大幅減少，缺乏身體活動造成的健康問題，將是 21 世紀人類健康的最大威脅。運動生理病理學與分子生物學研究證實，運動可以啟動多重強化身體健康路徑的訊號（Pedersen, 2019a）。過去的流行病學與臨床研究證據，也證實規律運動至少可以預防肌少症、肌少型肥胖、胰島素阻抗、高血壓、中風、代謝症候群、骨質疏鬆、肥胖、乳癌、結腸癌、子宮內膜癌、憂鬱症等 35 項慢性的健康問題。

缺乏運動是非傳染性疾病主要危險因子之一，增加身體活動提升心肺適能或體能，則至少可以預防 35 種慢性疾病，有系統設計的運動計畫有如藥用處方，也可以治療或改善包括身心性疾病、神經性疾病、代謝性疾病、心血管疾病、肺臟疾病、肌肉骨骼疾病與癌症等 26 種不同的疾病或症狀。因此缺乏身體活動或運動，

也就是造成世界各國非傳染性疾病醫療費用（health care expenditures）額外支出的重要原因之一。

反之規律運動提升健康體能（health physical fitness），促進整體身體健康，就可以降低罹患各種非傳染性疾病風險，並降低某些臨床病患症狀，減少整體醫療支出。過去其他個別研究，也具體發現，增加身體活動、規律運動或提升心肺適能，可以有效的降低研究對象整體醫療費用。例如，以杜克健康安全監控系統內的資料（Duke Health and Safety Surveillance System, DHSSS），共超過 35000 名受雇員工健康照護資料的 10 年世代回朔分析（retrospective analyses）研究。研究人員以 2001 年 1 月 1 日到 2011 年 12 月 31 日的 18 ～ 65 歲受雇於杜克大學的 16154 位員工為主要研究對象，其中 27.3 是女性、61.6% 白人、平均年齡 43.9 歲、平均 BMI28.6kg/m2，研究人員比較分析研究對象每週運動次數與醫療費用支出的影響。研究結果發現，每週動 0 ～ 1 次、2 ～ 3 次、4 ～ 5 次與 6 ～ 7 次整體平均每人每年醫療支出（medical cost）與用藥支出（pharmacy cost）分別為美金 3283 元、2873 元、2361 元、2740 元與 1081 元、921 元、797 元、726 元。每週運動次數高，可以顯著降低每人每年醫療與用藥費用支出，尤其在 BMI25 ～ 29kg/m2、30 ～ 34.9 kg/m2 降幅最大，而 BMI35 kg/m2 以上，也有此趨勢。去除年齡、性別、種族、抽菸與 BMI 等干擾因子後，每週運動次數高確實顯著降低每人每年醫療

支出與用藥支出，尤其內分泌、代謝與營養性疾病醫療支出，每週運動0～1次者平均每人每年是美金153元，每週運動4～5次為美金78元，每週運動6～7次者，更進一步降到美金67元。而用藥支出部分，腸胃用藥、心血管與中樞神經系統用藥，每週運動次數較高者，也顯著低於每週運動0～1次者，約減少所有用藥支出的45%；因此提升一般民眾與臨床疾病患者身體活動與心肺適能或體能，對我國人口老化快速與非傳染性病生行率逐年惡化，所造成的醫療資源的消耗與失衡，扮演著極其重要的關鍵。

事實上利用運動預防或治療疾病觀念與做法，早在2000年前就已經開始，如印度早有紀載古印度妙聞(Susruta)醫師，曾經開立每天的運動處方，治療病人的的紀錄。而希臘希波克拉底(Hippocrates)醫師，則是第一位提供書面運動處方給病人的醫生。古羅馬的蓋倫(Galen)醫師，也是結合運動處方，幫助多種疾病的病人治療，對全世界醫療觀念影響甚鉅。此外中國華陀的五禽戲，更是中國運動處方，治療病人的濫觴。而近代臨床運動介入各種疾病的醫療服務，已在歐美國家早有數10年的歷史，且多數系統回顧與整合分析證實，臨床運動介入可以顯著降低癌症患者死亡率、復發率、改善治療期間的各種症狀。

根據衛生福利部的資料顯示，台灣非傳染性疾病的發展，與世界同步，約占台灣十大死因的70%。此外台

灣人口老化速度嚴重，是目前台灣社會面臨的另外一項挑戰。人口老化愈嚴重，非傳染性疾病死亡率就愈高。根據我國衛生福利部的統計，107 我國整體國民醫療保健支出(national health expenditure, NHE)規模為 1 兆 2,070億元，較 106 年增加 5.0%，增幅高於國內生產毛額(gross domestic product, GDP) 之年增 2.0%，導致 NHE 占 GDP (18兆 3,429 億元) 之比重，即 NHE/GDP 升至 6.6%，較前一年提高 0.2 個百分點；平均每人 NHE 為 51,186 元，較上年增加 4.9%(衛生福利部 2019 年全民健康保險統計報告)。在全民健保部分，107 年門、住診合計（包括急診）醫療費用計 6,918 億點，較上年增加 5.3%，其中男性之醫療費用占 51.0%，女性占 49.0%。若以年齡層分析，65 歲以上醫療費用占比最高，為 37.8，45 ～ 64 歲占 34.6 居次，15 ～ 44 歲及 0 ～ 14 歲則分占 20.9 及 6.7（衛生福利部 2019 年全民健康保險統計報告）。尤其是，2018 年我國約 15% 的 65 歲老年人口，已經使用 37.8% 健保費，而到民國 130 年時，65 歲以上老年人口比率，預估將會成長 1 倍，約為總人口數的30%（國家發展委員會，2018)，如果以目前一樣的健保使用支出模式，這些 30% 的老年人口，可能會用掉75.6% 健保費。

　　事實上自近年來公部門提出的建議：

　　1996 年美國 Surgeon General Report Guidelines 每天身體活動 150 大卡 / 天。

2004 年英國 Chief Medical Officer's Report Guidelines 每週中強度運動。（moderate-intensity）150 分鐘。

2007 年 ACSM-AHA Guidelines 每週中強度 150 分鐘或高強度（vigorous-intensity） 60 分鐘。

2008 年美國衛生及公共服務部（Department of Health and Human Services）發表的 2008 Physical Activity Guidelines 每週應至少從事 150 ～ 300 分鐘中強度身體活動，或 75 ～ 150 分鐘高強度有氧活動與每週至少 2 次強化主要肌肉群的身體活動。2010 年世界衛生組織就以此版本為基礎，發表 2010 年全球人類健康身體活動的指南。

最近 2018 年美國衛生及公共服務部發表美國人的身體活動指南第 2 版（U. S. Department of Health and Human Services, 2018），其內容更詳細建議學齡前兒童、青少年、成年、老年人、婦女與有健康問題成人等的身體活動量。臨床運動介入可以顯著降低癌症患者死亡率、復發率、改善治療期間的各種症狀，臨床運動也可以降低或改善心臟病、中風等心血管疾病、第 2 型糖尿病、慢性肺阻塞、高血壓、非酒精性脂肪肝、關節炎、洗腎患者等至少 26 種疾病的死亡率或症狀的改善成效顯著。另一方面目前有關臨床運動介入與醫療支出的研究確實發現，臨床運動介入醫療服務，對病人個人醫療支出、生產力損失與獲得整體身心健康獲益等，都有相當顯著成效，應該普遍納入臨床醫療共享決策的重要選

項之一。目前，美國、英國、紐西蘭、加拿大、澳洲、新加坡等國，醫療院所早已設有臨床運動介入治療，或運動改善各項疾病病人症狀的服務。

其執行方式是與醫生共同合作為病人進行各項評估與檢測後，依據病人各項評估指標開立運動處方，之後臨床運動治療師或指導員，在醫療院所設立的臨床運動中心，或社區運動中心為病人進行臨床運動指導介入治療。甚至，國際上癌症病人的臨床運動指導，也已經發展出特定的癌症臨床運動治療師專業人員證照，協助臨床癌症病人在治療過程中，進行臨床運動處方的規劃、執行與評估。其中成年人部分，則建議不分男女一天當中應多動少坐著，休閒身體活動比沒動好，只要從事任何中等到激烈身體活動都有益身體健康。然而要獲得具體的健康效益，成年人每週應至少從事 150 ～ 300 分鐘中強度，或 75 ～ 150 分鐘高強度有氧活動或，中高強度合併相等的有氧活動；而有氧運動時間，最好平均分配在 1 週當中。成年人每週從事中強度身體活動達 300 分鐘以上，每週至少二次強化主要肌肉群的活動，可以獲得額外的健康益處。我國國民健康署也在 2018 年發表全民身體運動指引，其內容大致與 2010 年世界衛生組織與 2018 年美國的身體活動指南類似，唯另有更延伸提供失能者、氣喘、高血壓、心肌梗塞、癌症、第 2 型糖尿病、焦慮與憂鬱症與慢性肺阻塞疾病患者身體活動建議，涵蓋內容廣泛，並能與其他國際接軌，實難能可貴。

　　最近研究多位學者發現，降低死亡風險的最適當身體活動量，是目前最低身體活動（150 分鐘 / 週）建議量的 3 ～ 5 倍，也就是每週 450 ～ 750 分鐘；事實上臨床運動訓練的疾病種類改善成效更多。上述臨床運動對各種疾病治療或輔助治療的效益，國外做法主要是由醫生開立運動處方給需要的病人，由臨床運動指導員，協助醫生與護理人員指導病人進行運動訓練治療疾病，且在歐、美、澳等國已有數 10 年歷史。

　　歐、美、澳等國也有很多大學設立臨床運動生理（clinical exercise physiology）學系或有專業學會，檢定核發臨床運動指導員或醫療運動指導員（Medical Exercise Specialist）證照；有別於物理治療師，主要治療因受傷與失去功能的急慢性疼痛與復健；臨床運動指導員主要透過各種個人化的運動處方，改善心臟、血管疾病、代謝性疾病、肺臟疾病、風濕免疫、發炎性疾病與癌症病人等的症狀與功能，達到疾病的最佳治療效果，改善病人生活品質。

　　臨床運動實施方式，介入的運動處方中的運動方式包括有氧運動、阻力運動、HIIT 或合併應用多種運動訓練方式。而運動處方內容包括運動方式、運動強度、運動時間、運動次數具體實施運動訓練的細節等。臨床運動訓練介入實施步驟，主要是透過主、客觀資料的評估、醫師開立處方、臨床運動指導員指導、監測儀器監測運動訓練過程，國際上有多相關專業疾病醫學學會，也有臨床運動指引（guidelines）或立場聲明可供參考。

■ 二、PA 預防認知症的實證醫學

　　失智症可以分成：阿茲海默症（Alzheimer disease, AD），路易氏體型失智症 （Dementia with Lewy Bodies, DLB）、額顳葉型失智症 （frontal-temporal dementia, FTD）、血管型失智症（vascular dementia, VaD）、阿茲海默與血管混合型失智症 （Alzheimer and vascular dementia）及其他因素造成的失智症。其中以阿茲海默症最普遍，約占所有失智症的65%，其次是血管型失智症、阿茲海默症與血管混合型失智症或路易氏體型失智症。早發型失智症則發生在具有家族遺傳，並非是一種正常的生理老化現象；目前世界上約有五千萬人有失智症，全世界每年增加大約一千萬的新個案，其中 Alzheimer's disease 占了失智總人口數的 7 成。

　　研究顯示增加身體活動可以減緩阿茲海默型失智症，和相關失智症（ADRD）的認知功能下降速度且減少跌倒。雖然身體活動量測已經成功運用於沒有認知障礙的老年人，但仍需要進一步研究健康族群與 AD 患者間的差異；臨床上運用「量表」測量這些 AD 族群的各項表現在定性上有困難。美國精神醫學會於 2013 年所出版的精神疾病診斷與統計手冊 DSM-V 中將失智症更名為：重度神經認知症（major neurocognitive disorder）；在其診斷標準中認知功能要有至少一項以上衰退，包括：整體注意力、執行功能、學習能力、記憶力、語言功能、知覺動作功能或社會人際認知等。

　　失智症主要影響近期記憶力，特徵是一種進行性退化的症候群，從輕度症狀到中、重度，再到末期症狀，退化時間因個人差異，常見的症狀除了記憶力退化、情緒或個性改變、對時間地點混淆、語言表達或書寫困難、判斷力變差、社交退化等，且其症狀會使個人正常生活的能力受損。年齡是跟失智症最相關的危險因子，隨著年紀愈大失智的發生及盛行率都上升，每增加五歲盛行率增加一倍。而腦傷及低血糖昏迷、缺血性中風是造成認知症及失智的危險因子，因此預防跌倒的發生亦能夠降低失智症發生風險。

　　結論可歸納出每週運動大於或等於 4 小時，或每週至少 2 次以上的休閒型態身體活動，應可降低罹患失智症的風險；若是可達到每週當中，每天進行中強度有氧運動 100 分鐘，可能是最佳預防失智症的運動建議量；建議每週至少 3 次，且每週需累積大於 4 小時或以上的中高強度身體活動，或每週分成 5 天進行，中等強度有氧運動累積達 500 分鐘；這兩種運動模式的運動時間、頻率與強度可能是降低罹患失智症的有效方法。對於預防老年失智症的發作，建議在中年時期（40 歲），就應開始進行增加身體運動量的策略，才可有效預防老年人失智症的發生；因此促進認知功能的運動處方建議如下：

　　（1）有氧活動（Aerobic activity）：每週累積至少 150 分鐘，可平均分成一天 20 ～ 30 分鐘。

（2）平衡運動（Balance exercise）：每次 10 分鐘，幫助在日常生活中或運動中維持身體穩定度（stability）的訓練，例如：太極拳；每日可以多次。

（3）柔軟度或伸展活動（Flexibility or stretching activity）：藉由肌肉的伸展活動，來增進關節的活動範圍，包括動態、靜態等型式；建議在任何運動之前的暖身或緩和運動，每次 10 分鐘可以避免跌倒。

（4）肌肉強化活動（muscle strengthening activity）：又稱阻力運動、重量訓練，每週 60～100 分鐘，於有氧運動隔日實施。

■ 三、PA 預防癌症的實證醫學

運動後身體立即的成效與長期而規律的運動，所能降低的危險因子；對於身體活動預防癌症的機制。過去研究多數重在降低罹患癌症的危險因子上，例如身體活動降低胰島素（insulin）阻抗、雌激素（estrogen）與癌症發展有關的生長因子、預防肥胖、降低發炎、提升免疫系系功能與降低腸胃道對可能致癌物質暴露時間等。愈來愈多的研究發現，人體運動後血液某些物質的作用，具有抑制人類癌細胞的發展或誘導癌細胞凋亡的作用。例如：丹麥哥本哈根大學的的動物模式研究，研究人員以老鼠游泳 1 小時後抽取的血清，與游泳前的血清比較，老鼠運動後的血清與人類乳癌細胞一起培養，抑制乳癌細胞增殖功能 52%，且提高癌細胞凋亡蛋白活性54% 的作用。

此外瑞典斯德哥爾摩，腫瘤病理研究所的研究，研究人員安排 10 位成年男性研究對象，以 65% VO2max強度騎腳踏車 1 小時，運動後血清與人類攝護腺癌一起培養 96 小時，結果也發現運動後的血清具有抑制 31%攝護腺癌細胞生長功能；再者丹麥哥本哈根大學的人體實驗，研究人員以完成完整治療 6 個月後的乳癌病人為研究對象，經由 2 小時運動後（30 min warm-up, 60 min resistance training, 30 min HIIT spinning），與控制組研究對象，安靜時抽取的血清做比較，實驗組運動後立即抽取的血清與乳癌細胞一起培養，降低 9.2%～ 9.4%

存活率。

　　而加拿大 Brock 大學的的研究，研究人員於 6 位年輕男性進行 6×1 min+6×1 min 高強度間歇運動訓練（HIIT）後，將肺癌置入與含有 10% 運動後血清的培養液內一起培養，降低了肺癌細胞 78.5% 存活率。

　　另外澳洲昆士蘭大學的研究人員，以結腸癌治癒後的病人為研究對象，這些病人至少都已完成手術、化療或放射治療 1 個月以上。研究對象分成立即運動與長期運動組，立即運動組進行高強度間歇運動後（4 x4 min at 85-95% peak heart rate）的血清，與結腸癌細胞一起培養，長期運動組則進行一樣高強度間歇訓練，每週 3 次連續 45 週，血清在訓練前與訓練後安靜時收集。研究結果發現，運動後立即收集的血清，可以顯著降低結腸癌細胞數量，安靜時與運動後 120 分鐘收集的血清則無此現象；可見立即運動後的血清，確實含有某種物質，可以有效抑制癌細胞增殖作用，而長期運動訓練安靜時的血清，則沒有類似效果。

　　事實上分子生物的研究也發現，人體運動後肌肉與血液中會製造或出現超過 10,000 種不同的蛋白質與其他物質；而運動中肌肉製造的，即被稱為肌肉激素、脂肪製造的稱為脂肪激素與其他各器官製造的激素，這些激素包括有蛋白質、胜肽與核酸等，因而通稱為運動激素（exerkines）。這些運動激素可能負責調控運動中全身各細胞、組織、器官，甚至生理的訊息傳遞、生理功

能反應與運動後生理功能與組織結構的適應。而其中則有鈣衛蛋白（calprotectin）、骨連素（osteonectin）或富含半胱氨酸的酸性分泌蛋白（secreted protein acidic and rich in cysteine, SPARC）、抑瘤素 M（oncostatin M）與鳶尾素（Irisin）等四種肌肉激素，可能在運動後血清中抑制癌細胞發展或誘導癌細胞凋亡，扮演著重要角色。

歐美先進國家逐漸注意到這類相關的課題，對於同樣逐漸步入老年社會及先進國家的台灣而言，如何針對這群病人分析研究，訂出最適合我們國家老年人的運動處方，應該是當前所有腫瘤治療的優先選項。由於國人也漸漸重視養生，老年人的身體狀況其實可以保持得很好；因此，在面對年長的癌症病人，應先整體評估病人的身體狀況，情況允許還是應該鼓勵他們運動，相信會為病人帶來較佳的生活品質。

癌症是全球人類第二大死亡原因，2015 年全球有 880 萬人死於癌症，約占全世界死亡人數的六分之一，世界衛生組織預估未來 20 年全球癌症病例會比現在再增加 70%。目前約 70% 的癌症死亡人數，是發生在中低收入國家；科學證據證實，約有三分之一的癌症是因為高身體質量指數、低蔬果飲食、抽菸、酗酒與缺乏身體活動等生活行為所造成的。目前全球主要的致死癌症為肺癌（1.69 million deaths/year）、肝癌（788,000 deaths/year）、結直腸癌（774,000 deaths/year）、胃癌（754,000 deaths/year）與乳癌（571,000

deaths/year）；然而癌症位居台灣十大死因第一名已有
37 年，癌症於 2018 年的台灣仍為十大死因之首，約占
所有死亡原因的 28.6%；而癌症的發生與年紀有相當高
的相關性；就癌症死亡率而言，老年人也遠較年輕族群
為高，在所有癌症死亡病人中，65 歲以上的病人占了
將近 70%；2013 年 65 歲以上的病人占所有癌症病人的
60%；預計到 2030 年，60 歲以上的病人將占所有癌症
病人的 70%，而在台灣也有類似的情況，許多腫瘤如：
肺癌，結腸直腸癌，乳癌，攝護腺癌的發生率隨著年齡
增加而逐漸上升；老年人罹癌機會增加的可能的原因有
長期暴露在致癌物質之下、DNA 的不穩定性提高了細胞
突變的機會、免疫調節失調或抗氧化能力降低。

■ 四、結論

　　因此「健康」就個人層面而言，健康識能（健康教育）與個人的健康行為、醫療和健康服務使用、醫療花費及健康結果（生活品質）有關。生長、老化與死亡是瞭解人類一生會經歷的不同發展階段，以及各階段之重要健康課題；瞭解人類生長與老化的過程，進而對老化和老人有正確態度，並能為自己的健康老年生活做規劃；探討生命與死亡的意義。

　　個人衛生習慣（清潔、口腔、睡眠、運動等）與健康關係；瞭解個人的健康責任；瞭解與探討定期健康檢查的意義與重要性；營養有助瞭解經濟、文化、個人和生活型態都會影響食物的選擇；探討飲食指南的意義，據此來攝取均衡、熱量合宜飲食；認識食品標示及其意義；物質成癮與濫用是指菸、酒、管制藥物等，對健康的影響與危害；探討青少年使用成癮物質的主要原因，並能避免；學習並表現出拒絕成癮物質使用誘惑的相關技能。

　　疾病預防是瞭解傳染性疾病發生的原因、預防和控制方法；體認慢性疾病是本世紀主要死因，且其與個人生活型態關係密切；認識疾病診斷和處理的過程並能即時就醫；因此我們生活當中無論吃了再多的保健食品，都不如養成良好的生活型態如：規律的作息、均衡的飲食、規律的身體活動等，期待每個人都能找到自己健康生活，心身滿足的平衡點。

後記

感謝 101 年度國家考試榜首廖大銘 醫師協助口腔一章內容的校正上，給予寶貴建議，特此感謝。

與本書的互動

來信給予指教或疑惑解答 guppy5230@yahoo.com.tw

每日補充衛教資料，請搜尋 FB 粉絲專頁 " 全科醫學 - 社區第一線醫療 " 或 FB 社團 " 糖尿病衛教網 "

國家圖書館出版品預行編目資料

家醫——守護你健康的好鄰居/ 陳杰 著
--初版-- 臺北市：博客思出版事業網：2021.4
ISBN 978-957-9267-85-4(平裝)

1.家庭醫學 2.保健常識

429 109018906

醫療保健 10

家醫——守護你健康的好鄰居

作　　者：陳杰
編　　輯：楊容容、塗宇樵
美　　編：塗宇樵
封面設計：塗宇樵
出　版　者：博客思出版事業網
發　　行：博客思出版事業網
地　　址：台北市中正區重慶南路1段121號8樓之14
電　　話：(02)2331-1675或(02)2331-1691
傳　　真：(02)2382-6225
E—MAIL：books5w@gmail.com或books5w@yahoo.com.tw
網路書店：http：//bookstv.com.tw/
　　　　　　https：//www.pcstore.com.tw/yesbooks/
　　　　　　https：//shopee.tw/books5w
　　　　　　博客來網路書店、博客思網路書店
　　　　　　三民書局、金石堂書店
經　　銷：聯合發行股份有限公司
電　　話：(02) 2917-8022　傳　真：(02) 2915-7212
劃撥戶名：蘭臺出版社 帳號：18995335
香港代理：香港聯合零售有限公司
地　　址：香港新界大蒲汀麗路 36 號中華商務印刷大樓
　　　　　　C&C Building, 36,Ting, Lai, Road, Tai,Po, New,Territories
電　　話：(852)2150-2100　傳　真：(852)2356-0735
出版日期：2021年4月 初版
定　　價：新臺幣350元整（平裝）
ISBN：978-957-9267-85-4